TABLA DE CONTENIDO

TABLA DE CONTENIDO

LÓBULOS Y LÓBULOS DEL CEREBRO (VISTA LATERAL)

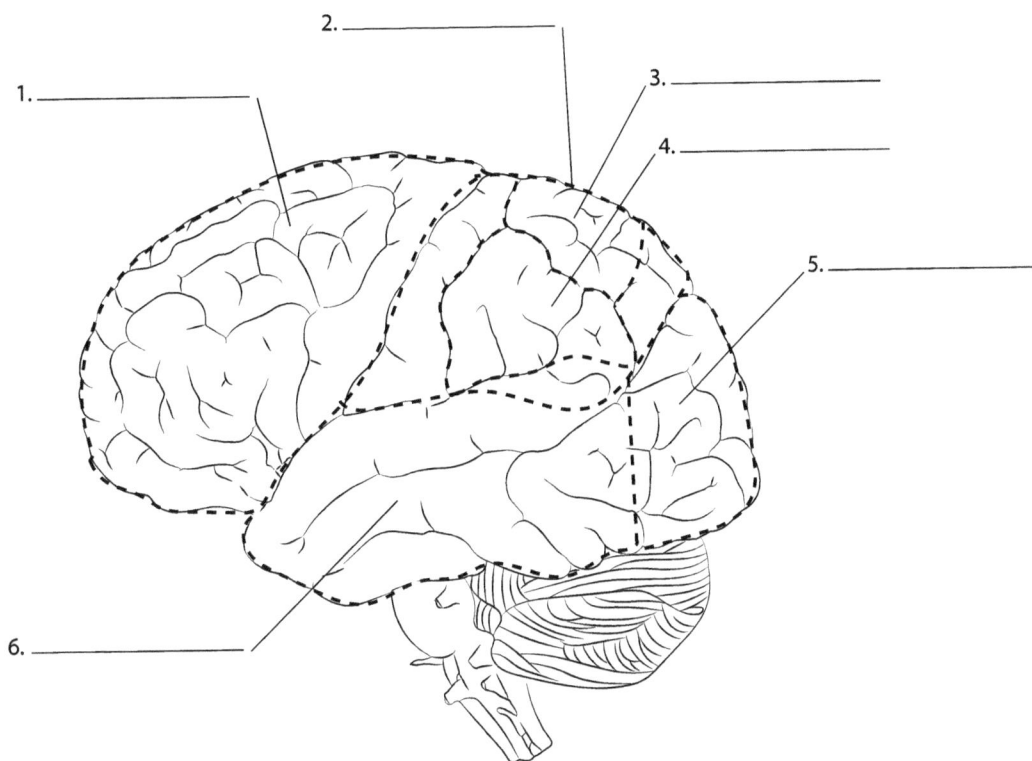

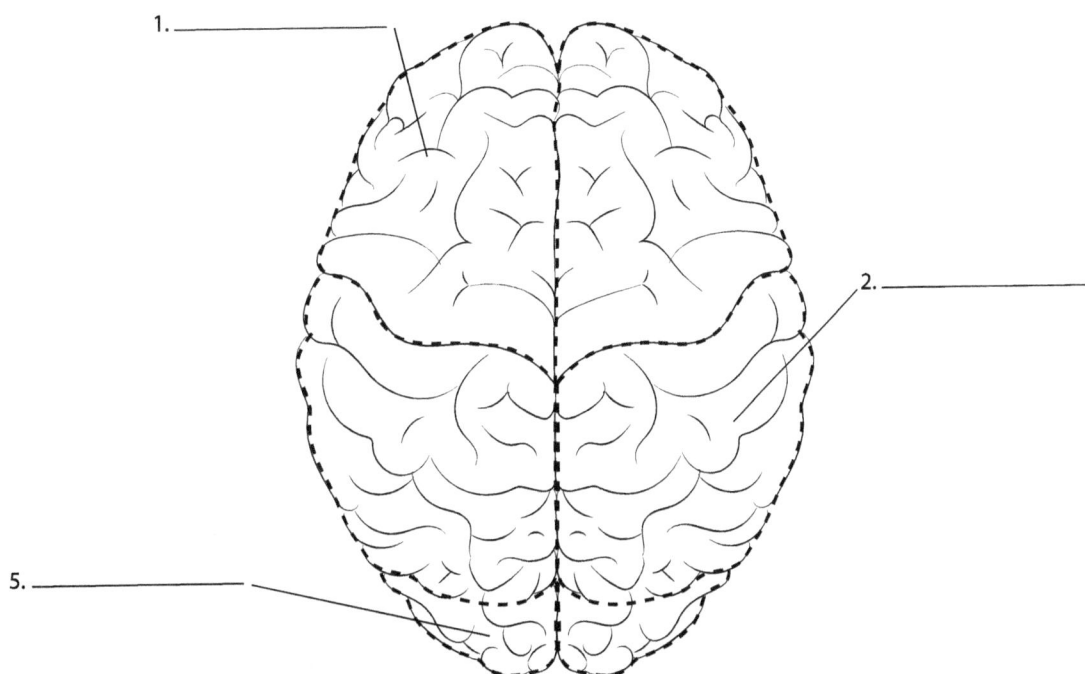

1. _____

2. _____

3. _____

4. _____

5. _____

6. _____

1. _____

2. _____

5. _____

LÓBULOS Y LÓBULOS DEL CEREBRO (VISTA LATERAL)

1. Lóbulo frontal
2. Lóbulo parietal
3. Lóbulo parietal superior
4. Lóbulo parietal inferior
5. Lóbulo occipital
6. Lóbulo temporal

GIROS Y SURCOS DEL CEREBRO HUMANO (VISTA LATERAL)

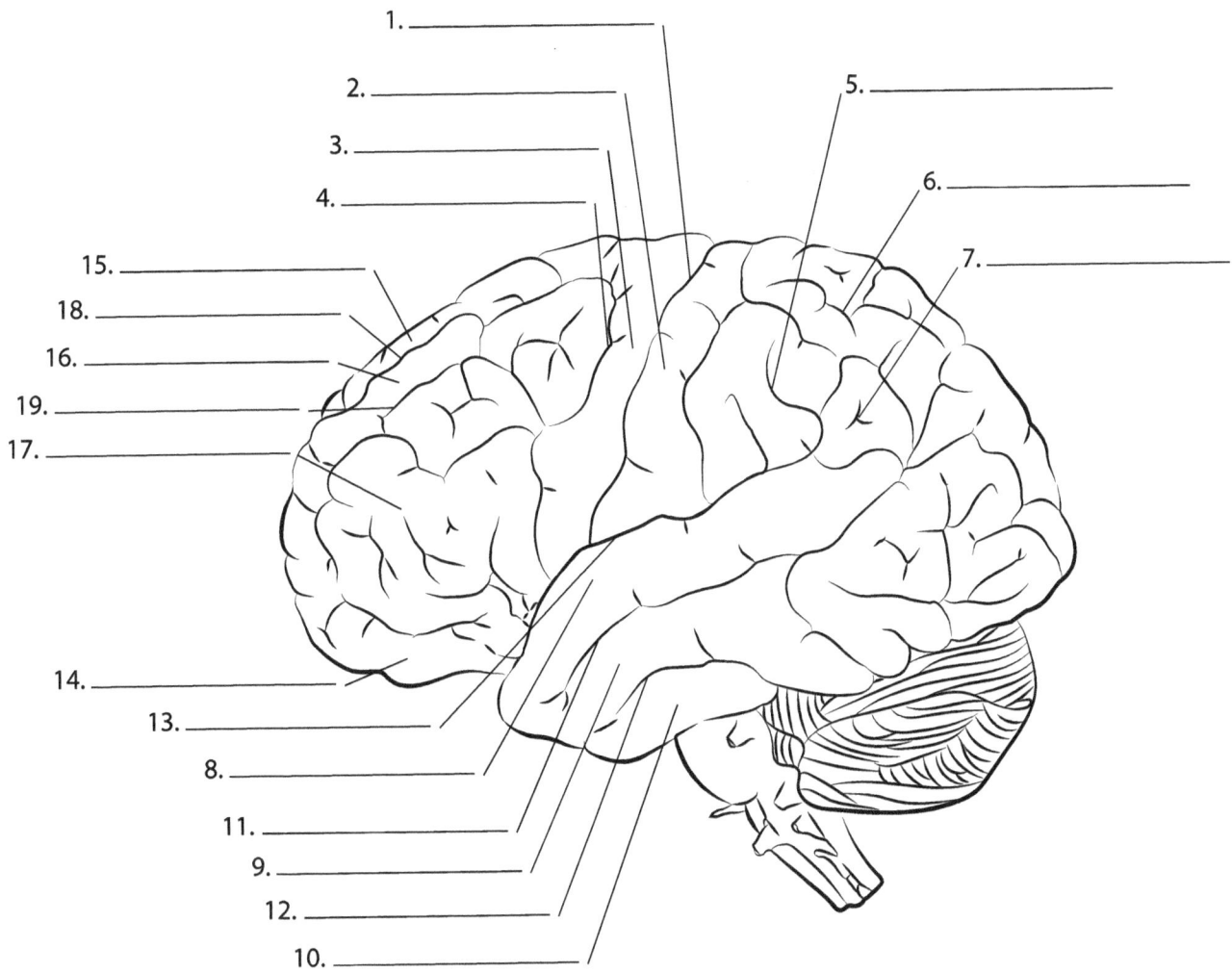

1. _____

2. _____

3. _____

4. _____

5. _____

6. _____

7. _____

15. _____

18. _____

16. _____

19. _____

17. _____

14. _____

13. _____

8. _____

11. _____

9. _____

12. _____

10. _____

GIROS Y SURCOS DEL CEREBRO HUMANO (VISTA LATERAL)

1. Surco central (Rolando)
2. Giro poscentral
3. Giro precentral
4. Surco precentral
5. Giro supramarginal
6. Surco intraparietal
7. Giro angular
8. Giro temporal superior
9. Giro temporal médio
10. Giro temporal inferior
11. Giro temporal médio
12. Surco temporal medio
13. Surco lateral (Sylvian)
14. Giros orbitarios
15. Giro frontal superior
16. Giro frontal médio
17. Giro frontal inferior
18. Surco frontal superior
19. Surco frontal inferior

VISTA INFERIOR DEL CEREBRO HUMANO

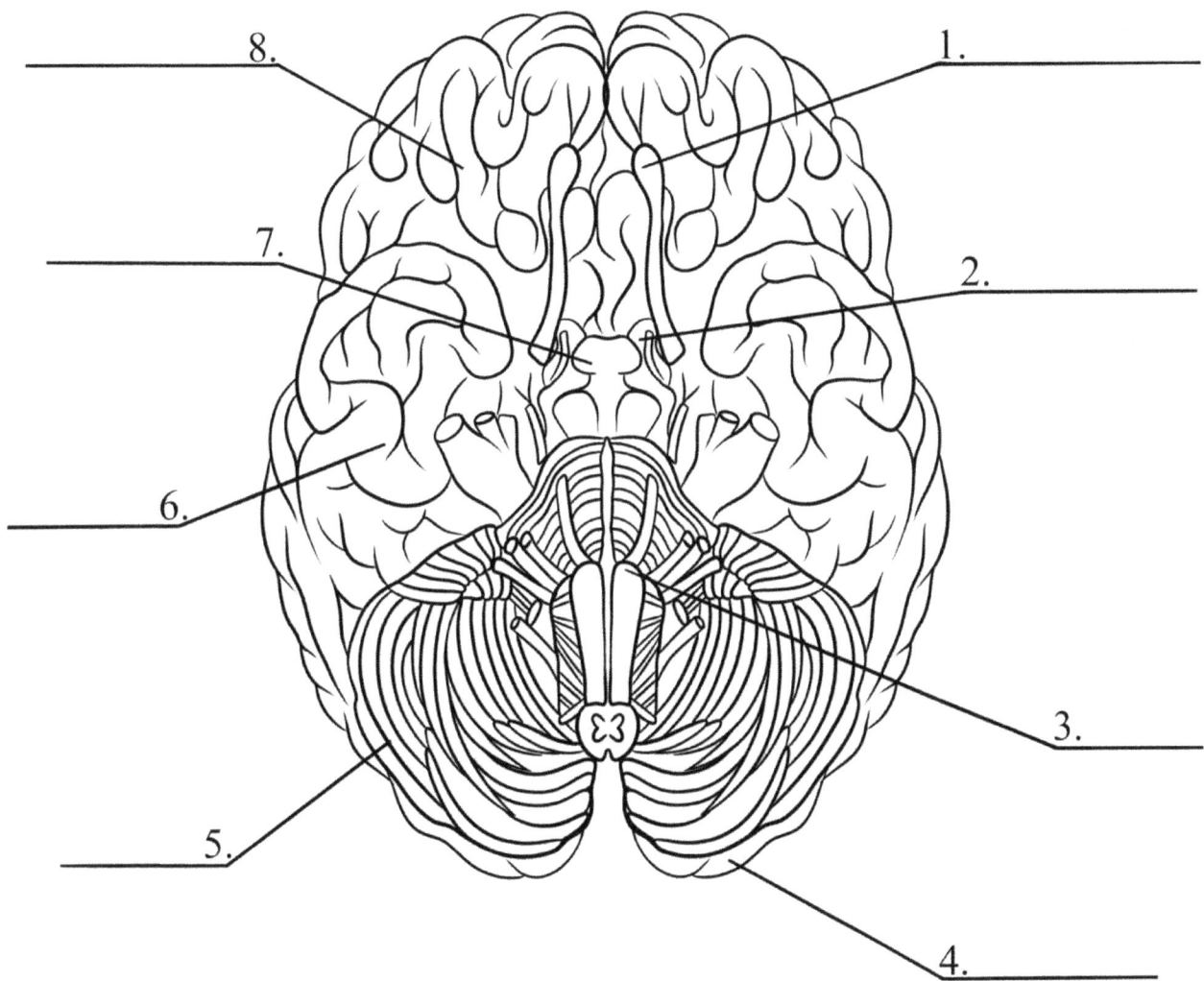

8.

1.

7.

2.

6.

3.

5.

4.

VISTA INFERIOR DEL CEREBRO HUMANO

1. Bulbo olfatorio

2. quiasma óptico

3. Tronco encefálico

4. Lóbulo occipital

5. Cerebelo

6. Lóbulo temporal

7. Infundíbulo

8. Lóbulo frontal

ÁREAS FUNCIONALES DEL CEREBRO HUMANO (VISTA LATERAL)

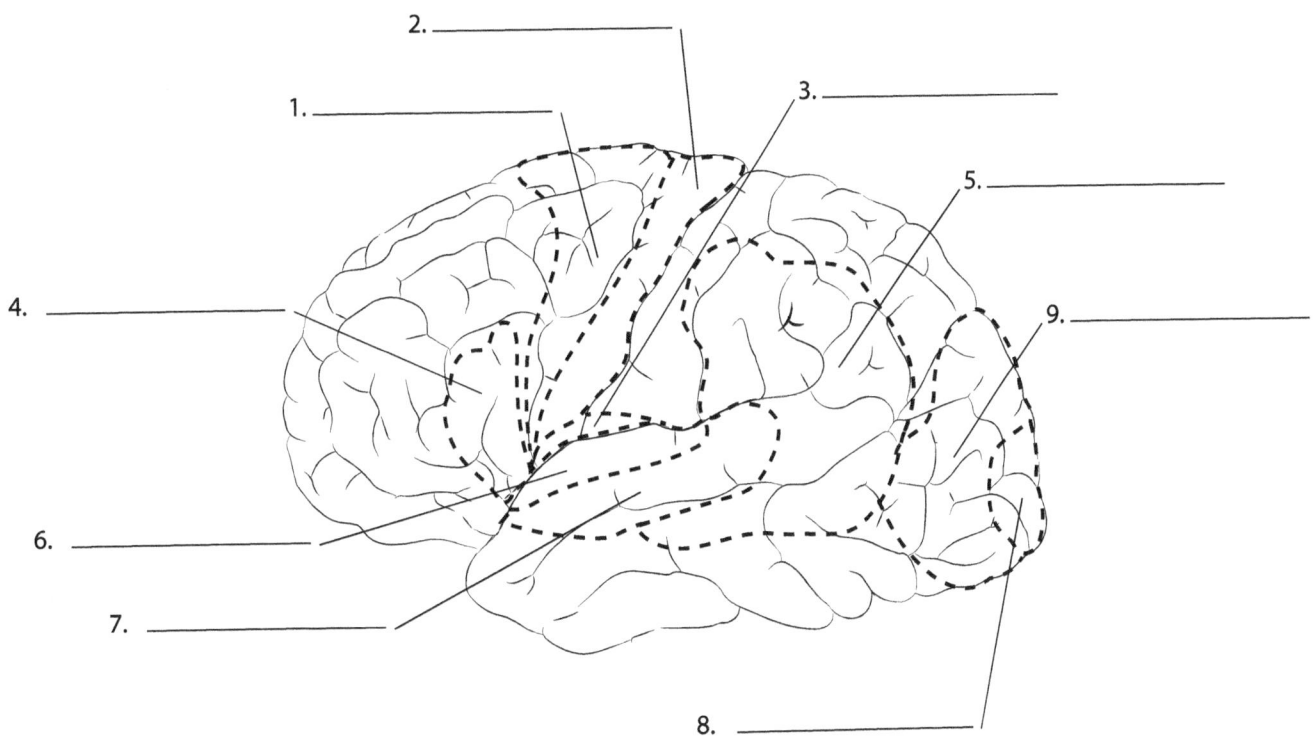

1. _____

2. _____

3. _____

4. _____

5. _____

6. _____

7. _____

8. _____

9. _____

ÁREAS FUNCIONALES DEL CEREBRO HUMANO (VISTA LATERAL)

1.   Área del motor primario
2.   Área sensorial primaria
3.   Área motora y sensorial secundaria
4.   Área del habla anterior (motora) (área de Broca)
5.   Área posterior (sensorial) del habla (área de Wernicke)
6.   Área auditiva primaria
7.   Área auditiva secundaria
8.   Área visual primaria
9.   Área visual secundaria

SECCIÓN SAGITAL DEL CEREBRO HUMANO

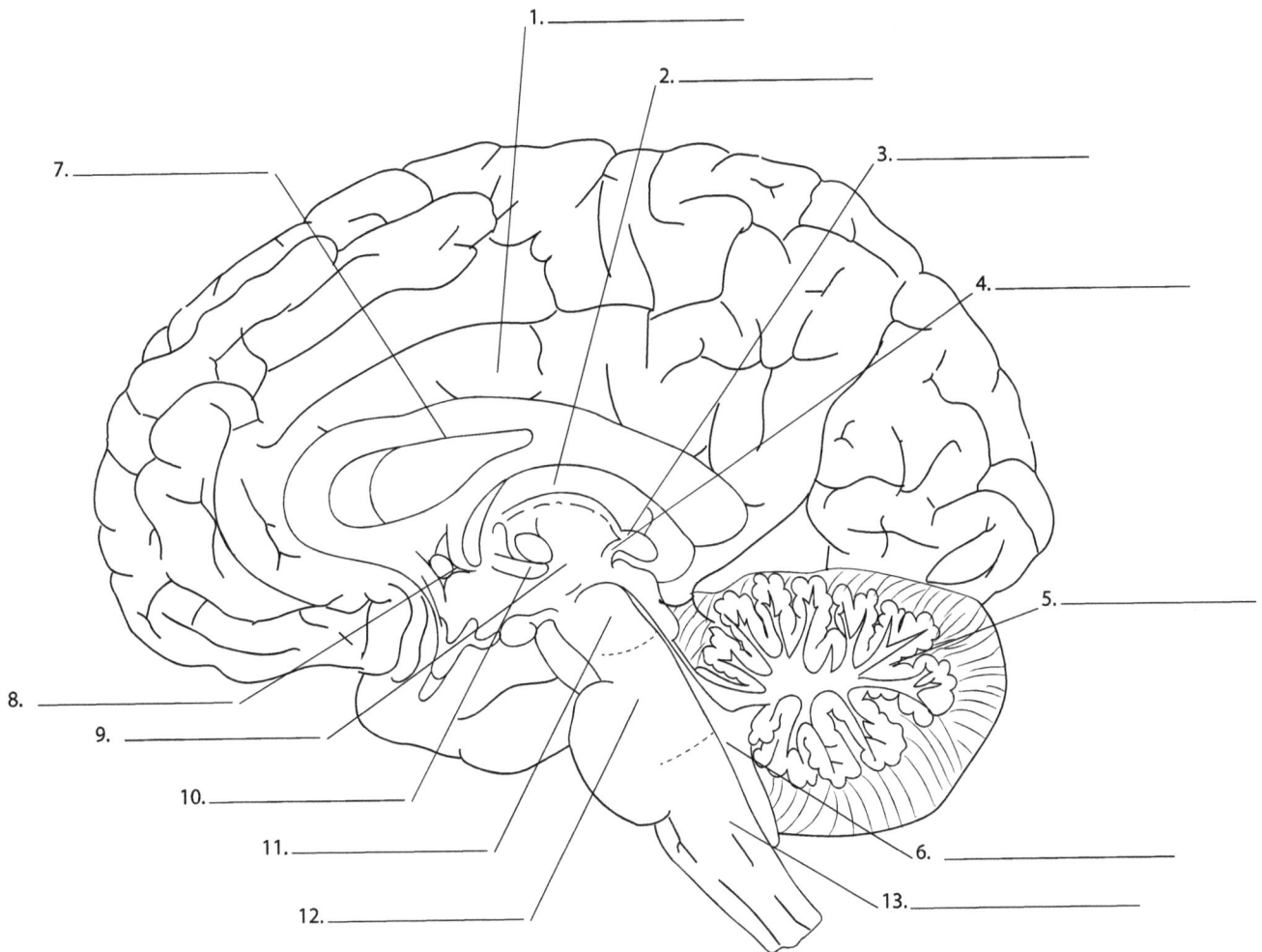

1. _____

2. _____

3. _____

4. _____

5. _____

6. _____

7. _____

8. _____

9. _____

10. _____

11. _____

12. _____

13. _____

SECCIÓN SAGITAL DEL CEREBRO HUMANO

1. Giro cingulado

2. Fornix

3. Glándula pineal

4. Comisura posterior

5. Cerebelo

6. Cuarto ventrículo

7. Cuerpo calloso

8. Comisura anterior

9. Diencéfalo

10. Surco hipotalámico

11. Mesencéfalo

12. Pons

13. Bulbo raquídeo

SECCIÓN CORONAL DE UN CEREBRO HUMANO

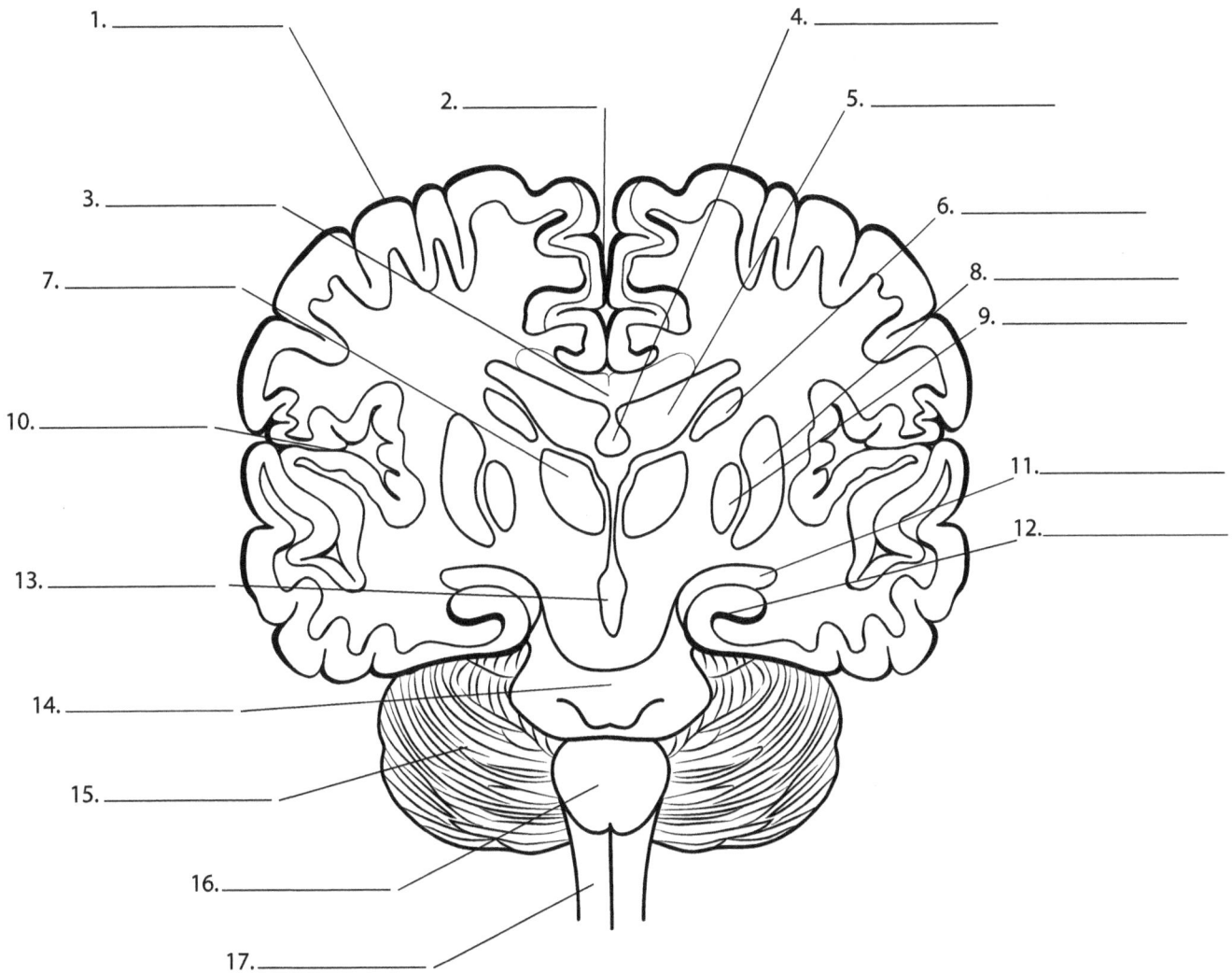

1. _____

2. _____

3. _____

4. _____

5. _____

6. _____

7. _____

8. _____

9. _____

10. _____

11. _____

12. _____

13. _____

14. _____

15. _____

16. _____

17. _____

SECCIÓN CORONAL DE UN CEREBRO HUMANO

1. Corteza cerebral

2. Fisura longitudinal

3. Cuerpo calloso

4. Fornix

5. Ventrículo lateral

6. Núcleo caudado

7. Tálamo

8. Putamen

9. Globo pálido

10. Surco lateral

11. Hipocampo

12. Giro del hipocampo

13. Tercer ventrículo

14. Pons

15. Cerebelo

16. Bulbo raquídeo

17. Médula espinal

NERVIOS CRANEALES

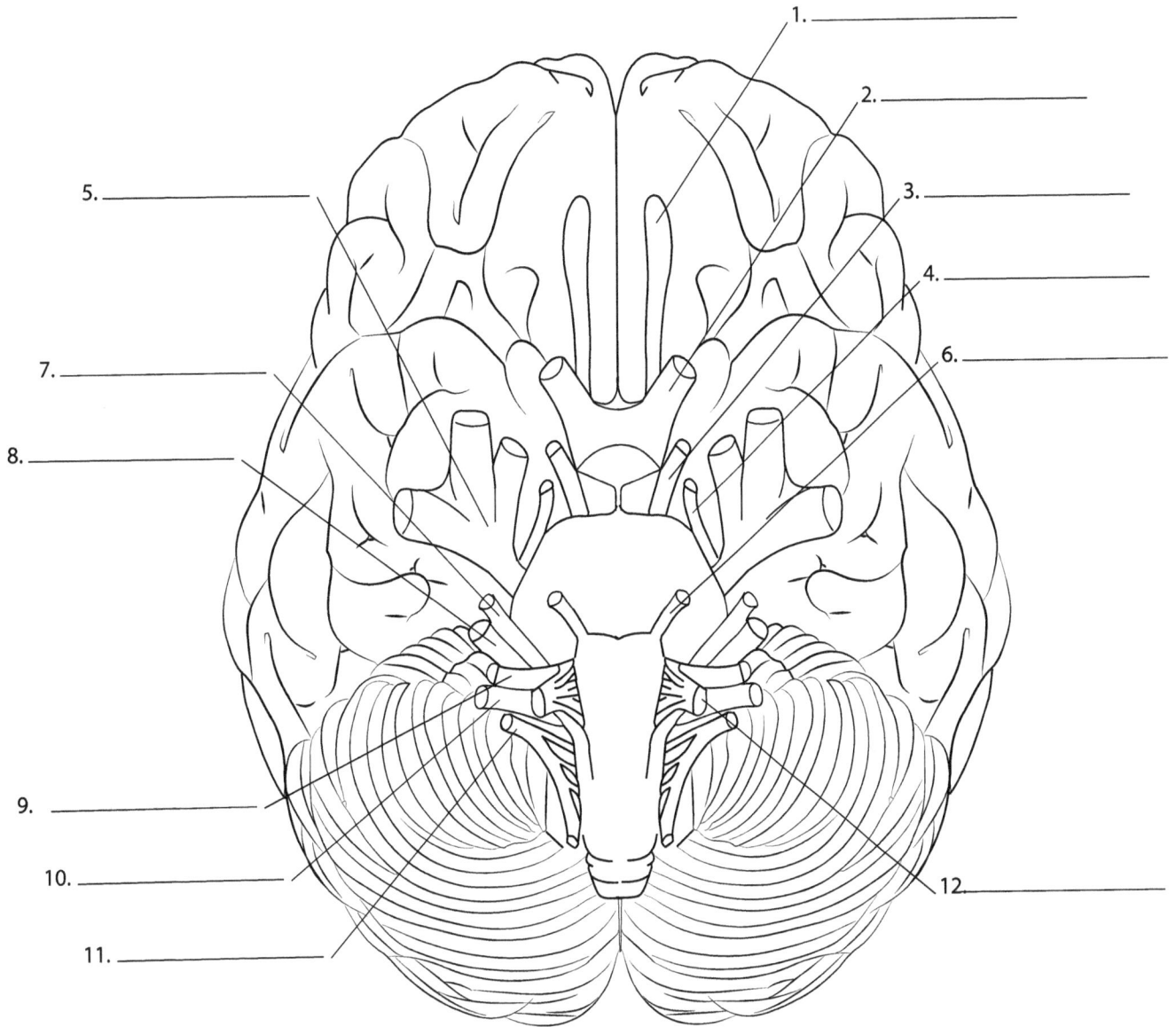

1. _____

2. _____

3. _____

4. _____

5. _____

6. _____

7. _____

8. _____

9. _____

10. _____

11. _____

12. _____

NERVIOS CRANEALES

1. Olfativo
2. Óptico
3. Oculomotor
4. Nervio troclear
5. Nervio trigémino
6. Nervio abducens
7. Facial
8. Nervio vestibulococlear
9. Nervio glosofaríngeo
10. Nervio vago
11. Nervio accesorio
12. Nervio hipogloso

SECCIÓN TRANSVERSAL DEL MESENCÉFALO

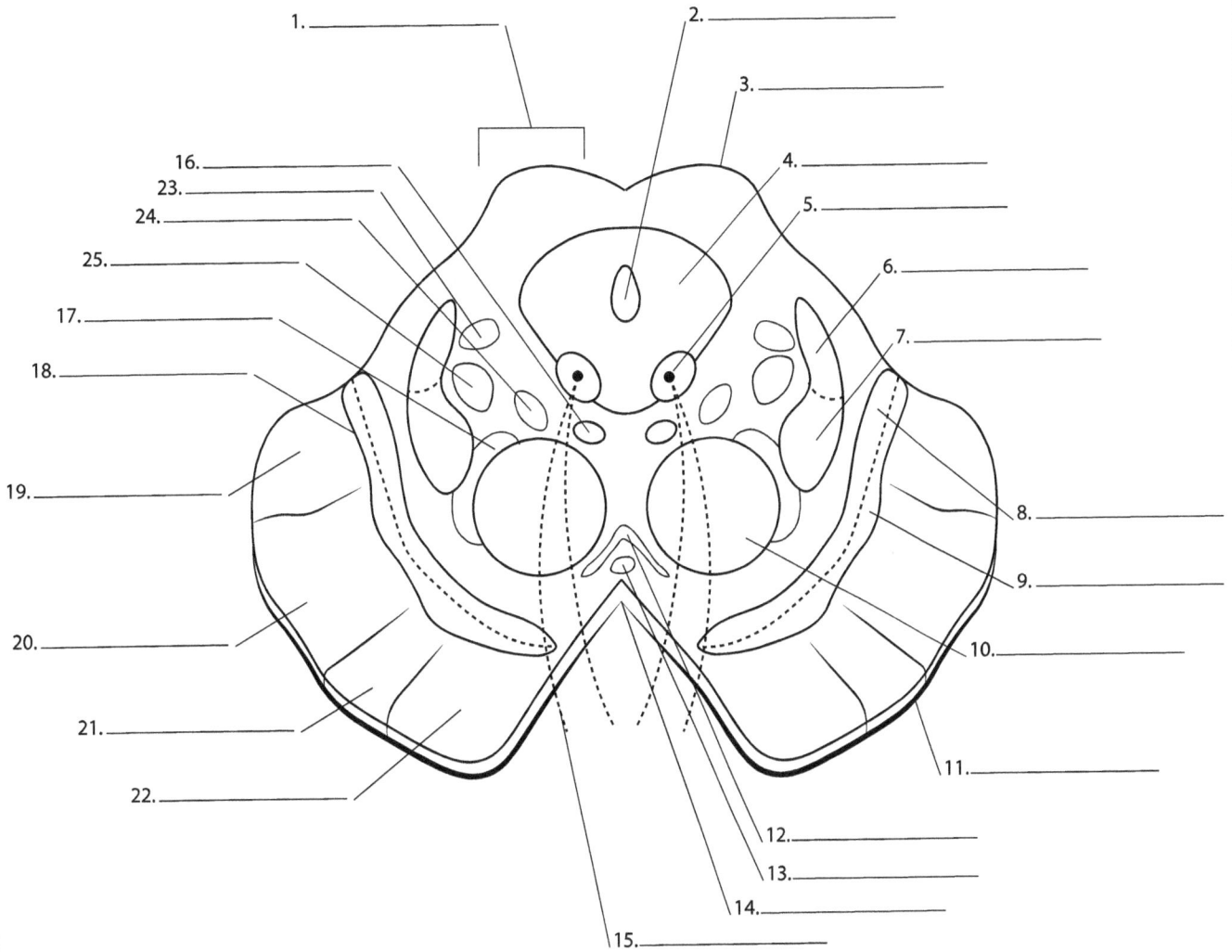

1.

2.

3.

4.

5.

6.

7.

8.

9.

10.

11.

12.

13.

14.

15.

16.

17.

18.

19.

20.

21.

22.

23.

24.

25.

SECCIÓN TRANSVERSAL DEL MESENCÉFALO

1. Tectum
2. Acueducto cerebral
3. Colículo superior
4. Sustancia gris central
5. Núcleo oculomotor
6. Tractos espinotalámico y trigéminotalámico
7. Lemnisco medial
8. Pars compacta
9. Pars reticulata
10. Núcleo rojo
11. Crus cerebri
12. Decusación tegmental anterior
13. Núcleo interpeduncular
14. Área tegmental ventral
15. Fibras radiculares del nervio motor ocular común
16. Fascículo longitudinal medial
17. Fibras cerebelotalámicas
18. Substantia nigra
19. Fibras parieto, occipito, temporopontina
20. Fibras corticoespinales
21. Fibras corticonucleares (corticobulbar)
22. Fibras frontopontinas
23. Fibras trigeminotalámicas posteriores
24. Tracto tegmental central
25. Fibras trigeminotalámicas anteriores

SECCIÓN TRANSVERSAL DE LA PROTUBERANCIA (PARTE SUPERIOR E INFERIOR)

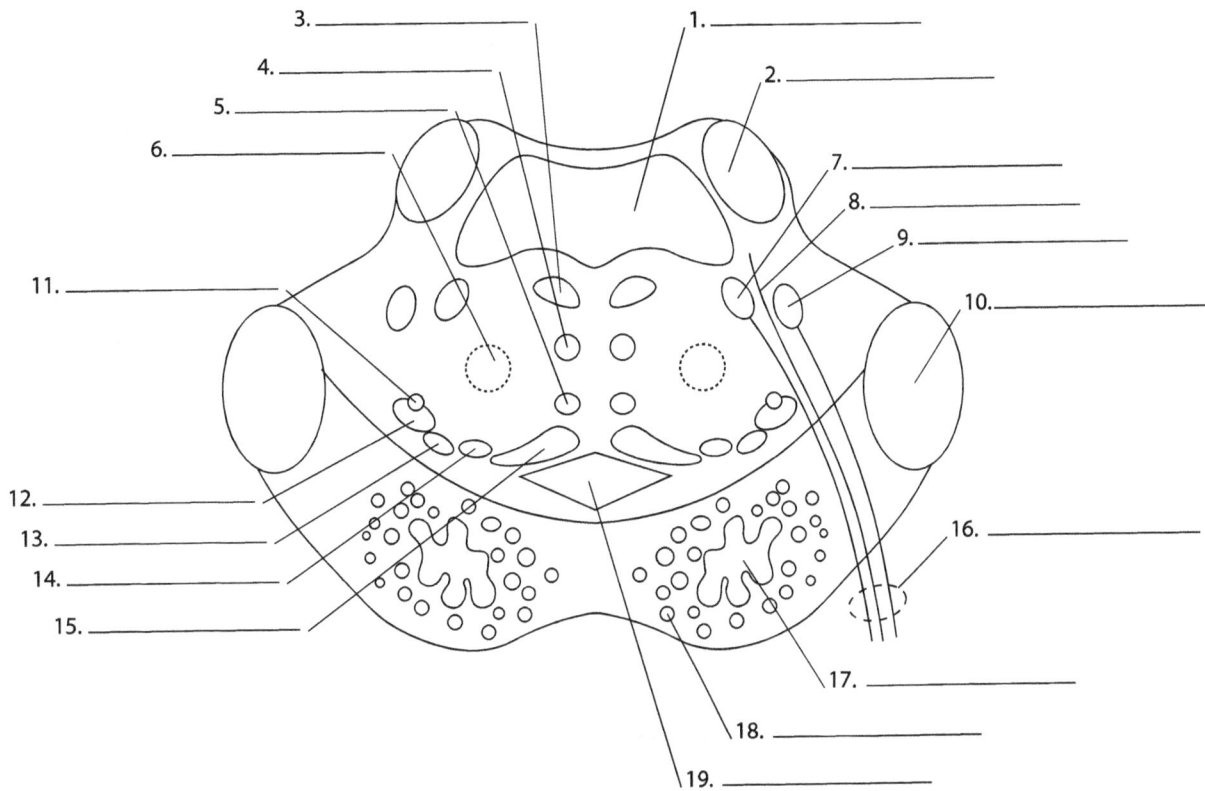

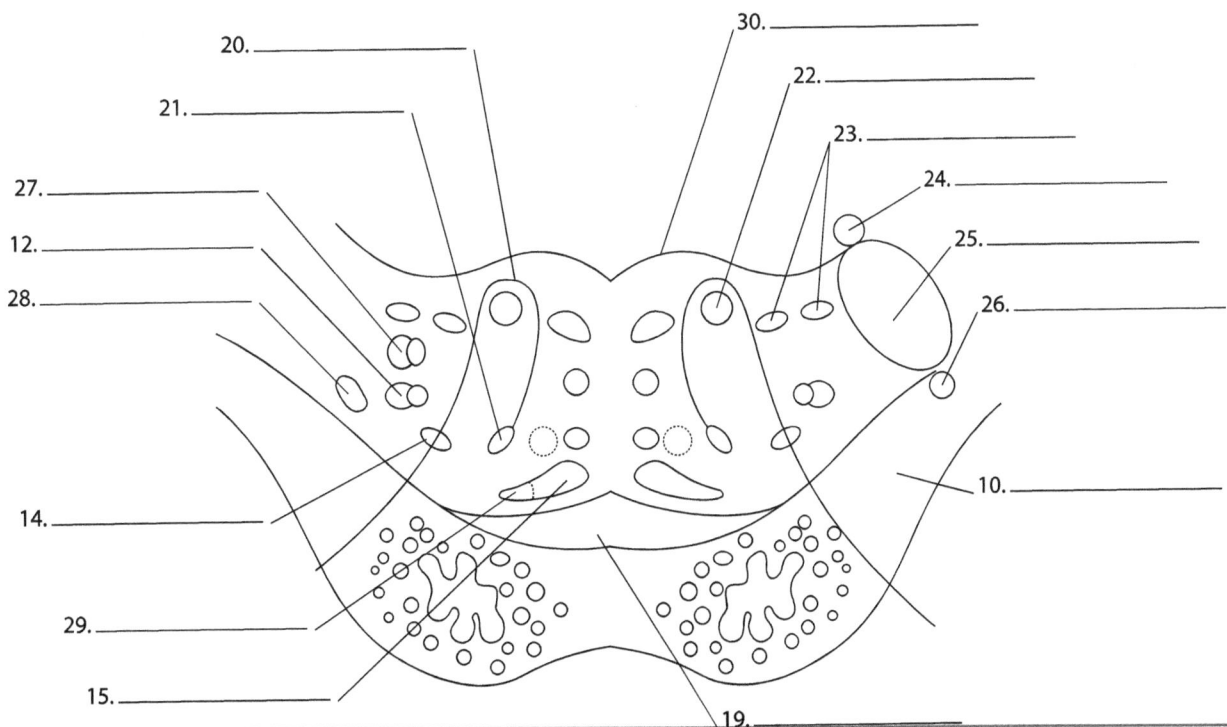

3. _____
1. _____
4. _____
2. _____
5. _____
6. _____
7. _____
8. _____
9. _____
11. _____
10. _____
12. _____
13. _____
14. _____
16. _____
15. _____
17. _____
18. _____
19. _____

20. _____
30. _____
21. _____
22. _____
23. _____
27. _____
24. _____
12. _____
25. _____
28. _____
26. _____
10. _____
14. _____
29. _____
15. _____
19. _____

SECCIÓN TRANSVERSAL DE LA PROTUBERANCIA (PARTE SUPERIOR E INFERIOR)

1. Cuarto ventrículo
2. Pedúnculo cerebeloso superior
3. Fascículo longitudinal medial
4. Tracto tectoespinal
5. Tracto rubroespinal
6. Tracto tegmental central
7. Núcleo motor del nervio trigémino
8. Raíz mesencefálica del nervio trigémino
9. Núcleo sensorial principal del nervio trigémino
10. Pedúnculo cerebeloso medio
11. Núcleo olivar superior
12. Lemnisco lateral
13. Lemnisco espinal
14. Lemnisco del trigémino
15. Lemnisco medial
16. Nervio trigémino
17. Fibras corticoespinales y corticonucleares
18. Núcleos Pontinos
19. Cuerpo trapezoide
20. Nervio facial
21. Núcleo del nervio facial
22. Núcleo abducente
23. Núcleos vestibulares
24. Núcleo coclear dorsal
25. Pedúnculo cerebeloso inferior
26. Núcleo coclear ventral
27. Núcleo espinal y trayecto del nervio trigémino
28. Tracto espinocerebeloso ventral
29. Tracto espinotalámico anterior
30. Colículo facial

SECCIÓN TRANSVERSAL DE LA MÉDULA (AL NIVEL DE LA ACEITUNA)

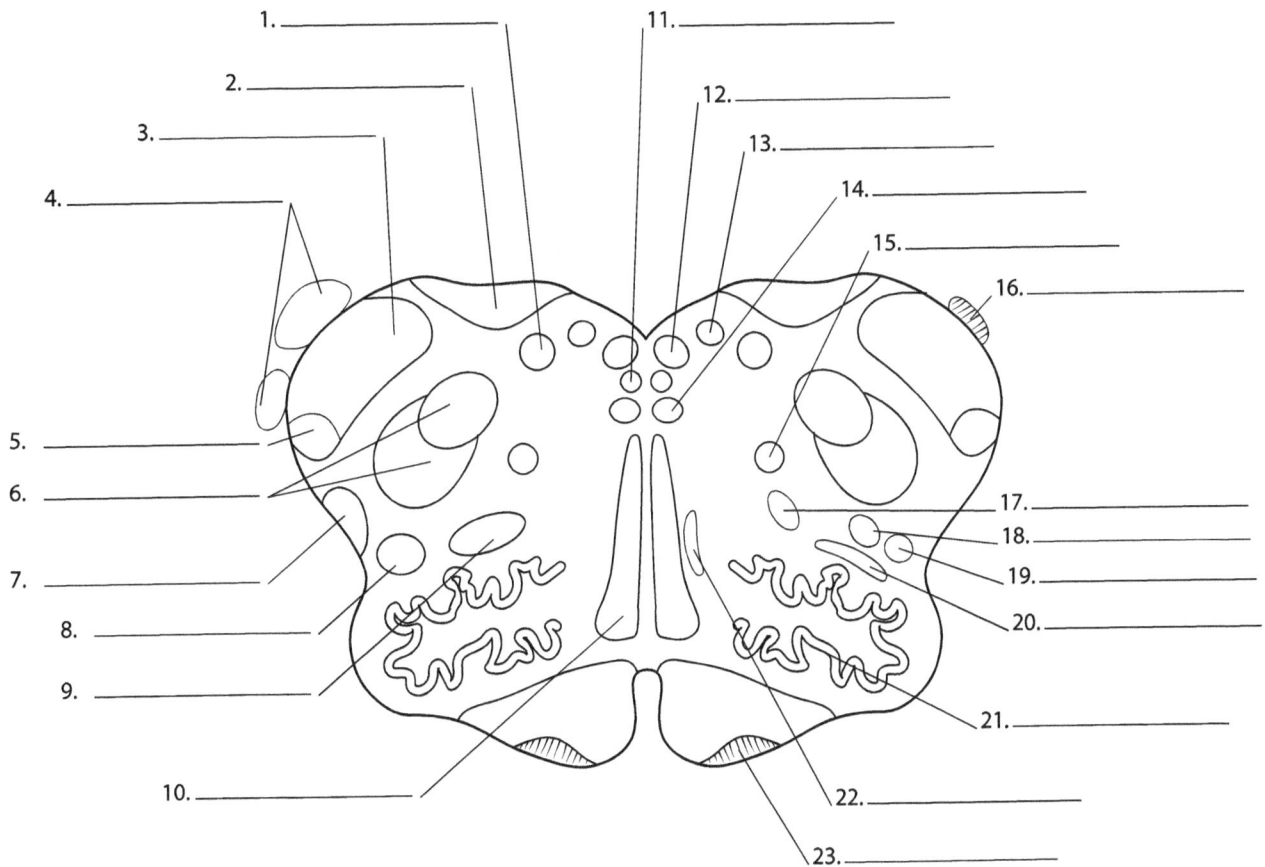

1. _____
2. _____
3. _____
4. _____
5. _____
6. _____
7. _____
8. _____
9. _____
10. _____
11. _____
12. _____
13. _____
14. _____
15. _____
16. _____
17. _____
18. _____
19. _____
20. _____
21. _____
22. _____
23. _____

SECCIÓN TRANSVERSAL DE LA MÉDULA (AL NIVEL DE LA ACEITUNA)

1. Núcleo del tracto solitario
2. Núcleos vestibulares
3. Pedúnculo cerebeloso inferior
4. Núcleos cocleares
5. Tracto espinocerebeloso dorsal
6. Núcleo espinal y trayecto del nervio trigémino
7. Tracto espinocerebeloso ventral
8. Tractos espinotalámicos y espinotectales laterales
9. Tracto espinotalámico anterior
10. Lemnisco medial
11. Fascículo longitudinal medial
12. Núcleo hipogloso
13. Núcleo vagal dorsal
14. Tracto tectoespinal
15. Núcleo ambiguo
16. Cuerpo pontobulbar
17. Tracto vestibuloespinal
18. Núcleo reticular lateral
19. Tracto rubroespinal
20. Núcleo olivar accesorio dorsal
21. Núcleo olivar inferior
22. Núcleo olivar accesorio médio
23. Núcleo arcuato

EL CÍRCULO DE WILLIS

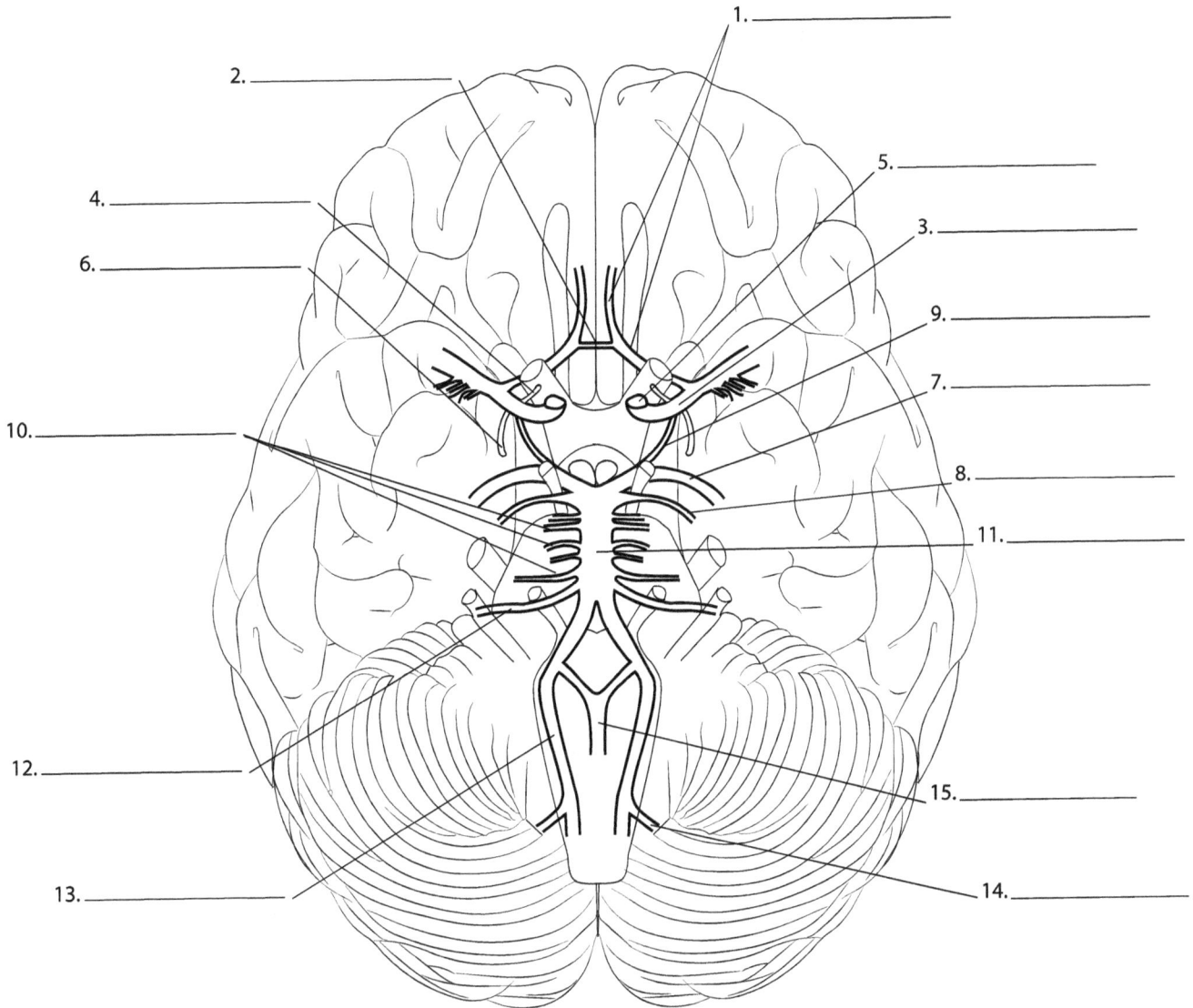

1. _____
2. _____
4. _____
5. _____
6. _____
3. _____
9. _____
7. _____
10. _____
8. _____
11. _____
12. _____
15. _____
13. _____
14. _____

EL CÍRCULO DE WILLIS

1. Arteria cerebral anterior
2. Arteria comunicante anterior
3. Arteria cerebral media
4. Arteria oftálmica
5. Arteria carótida interna
6. Arteria comunicante anterior
7. Arteria coroidea anterior
8. Arteria cerebelosa superior
9. Arteria comunicante posterior
10. Arterias pontinas
11. Arteria basilar
12. Arteria cerebelosa anteroinferior
13. Arteria vertebral
14. Arteria cerebelosa inferior posterior
15. Arteria espinal anterior

SISTEMA LÍMBICO (SE ELIMINAN LOS GANGLIOS BASALES)

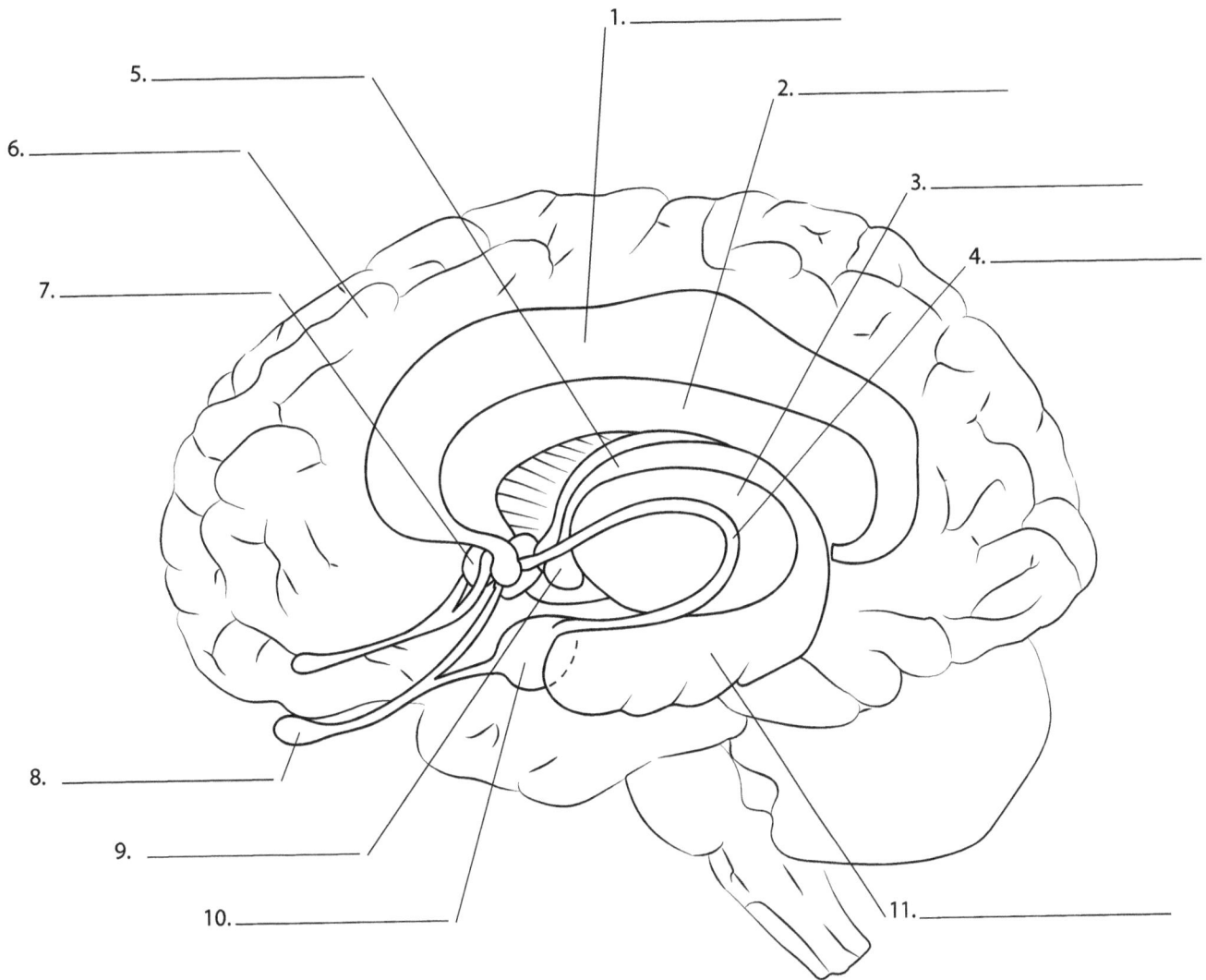

1. _____

5. _____

6. _____

2. _____

7. _____

3. _____

4. _____

8. _____

9. _____

10. _____

11. _____

SISTEMA LÍMBICO (SE ELIMINAN LOS GANGLIOS BASALES)

1. Corteza cingulada
2. Cuerpo calloso
3. Tálamo
4. Estría terminal
5. Fornix
6. Corteza frontal
7. Septo
8. Bulbo olfatorio
9. Cuerpo mamilar
10. Amígdala
11. Hipocampo

VISTA CORONAL (1)

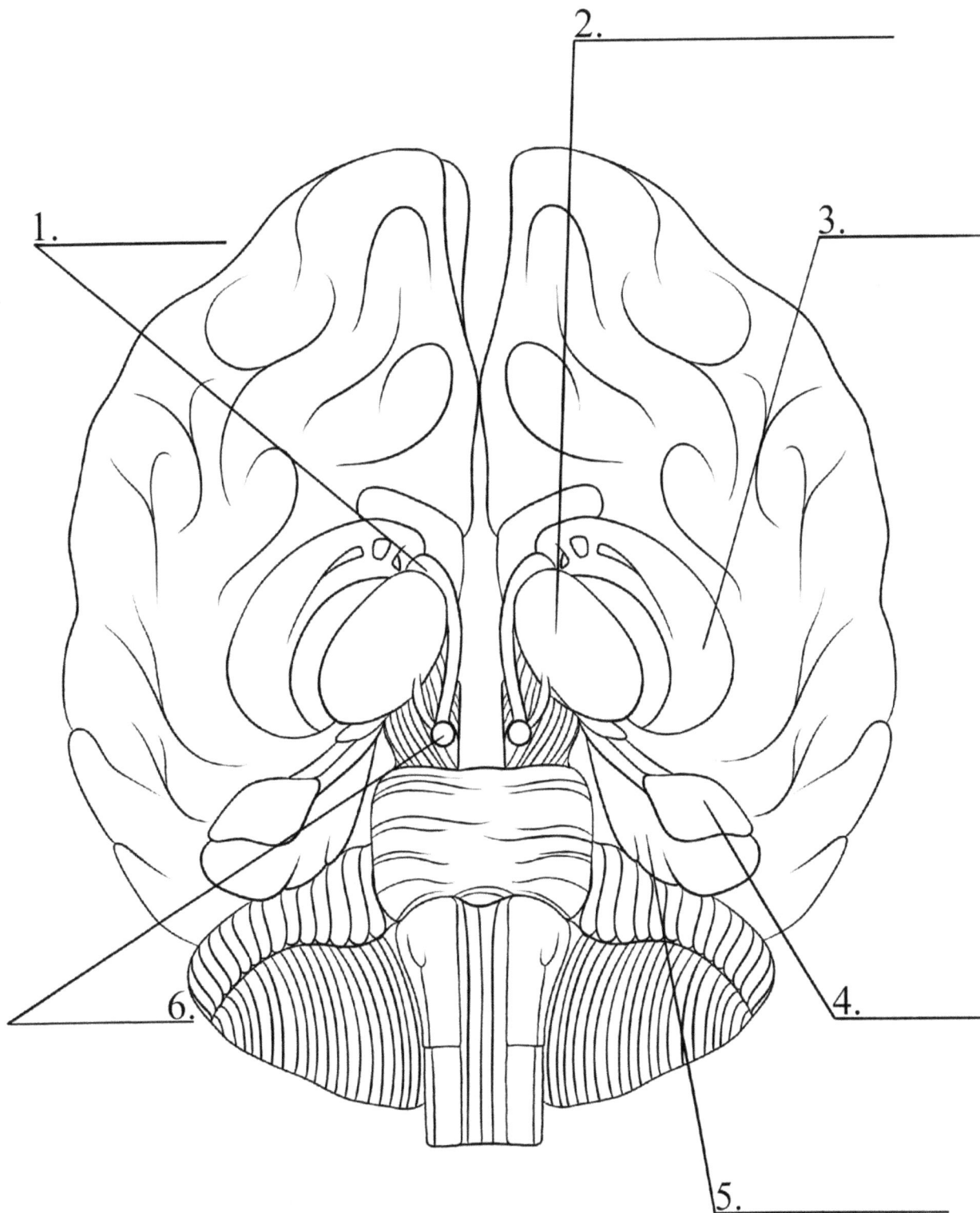

1.

2.

3.

4.

5.

6.

Vista Coronal (1)

1. Fornix
2. Tálamo
3. Putamen
4. Amígdala
5. Hipocampo
6. Cuerpo mamilar

VISTA CORONAL (2)

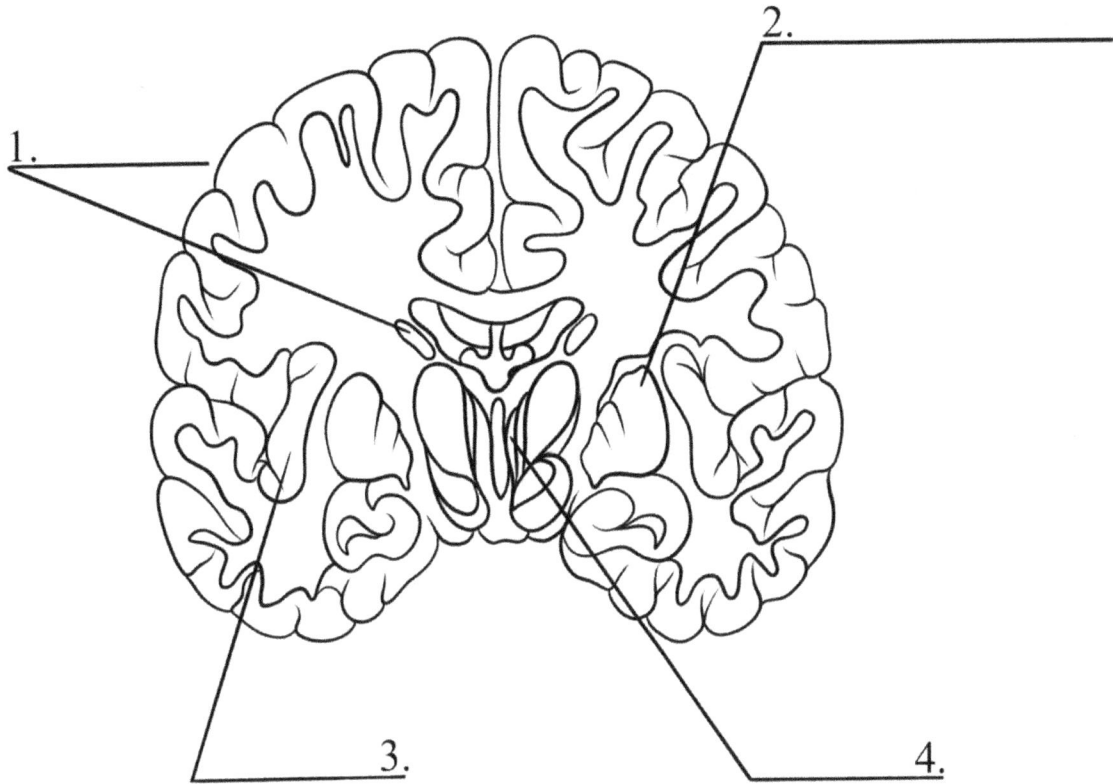

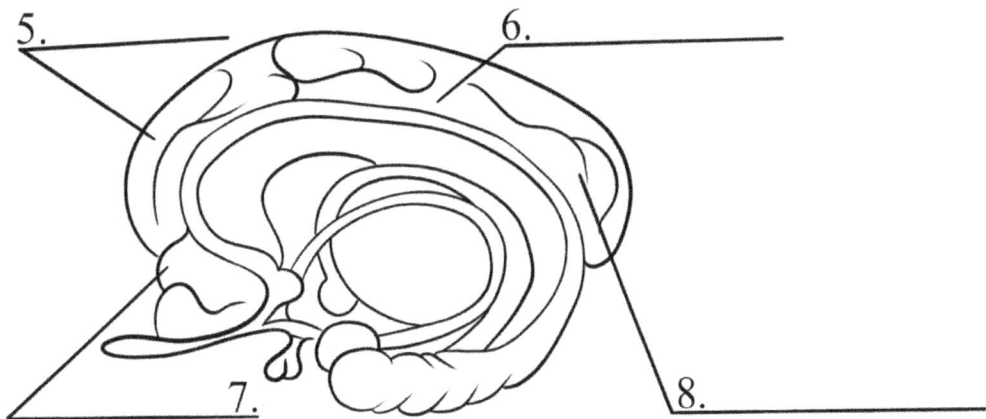

1.

2.

3.

4.

5.

6.

7.

8.

VISTA CORONAL (2)

1. Núcleo caudado
2. Putamen
3. Ínsula
4. Núcleo accumbens
5. Corteza cingulada anterior
6. Corteza cingulada media
7. Anterior subgenual
8. Corteza cingulada posterior

ESTRUCTURAS PROTECTORAS DEL CEREBRO

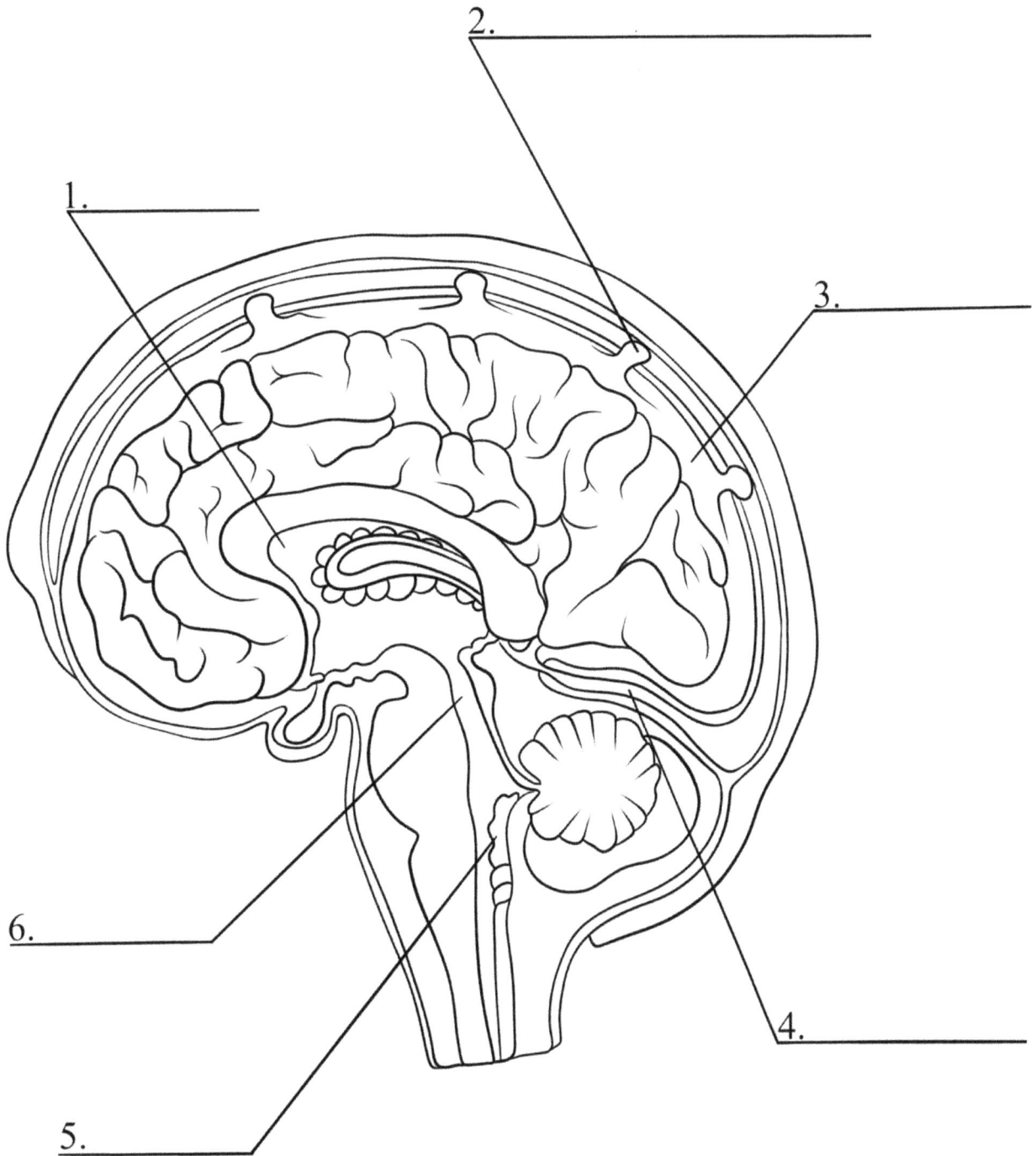

2. _____

1. _____

3. _____

6. _____

4. _____

5. _____

ESTRUCTURAS PROTECTORAS DEL CEREBRO

1. Tercer ventrículo

2. Vellosidades aracnoideas

3. Espacio subaracnoideo

4. Seno recto

5. Plexo coroideo

6. Acueducto cerebral

VISTA MEDIO SAGITAL

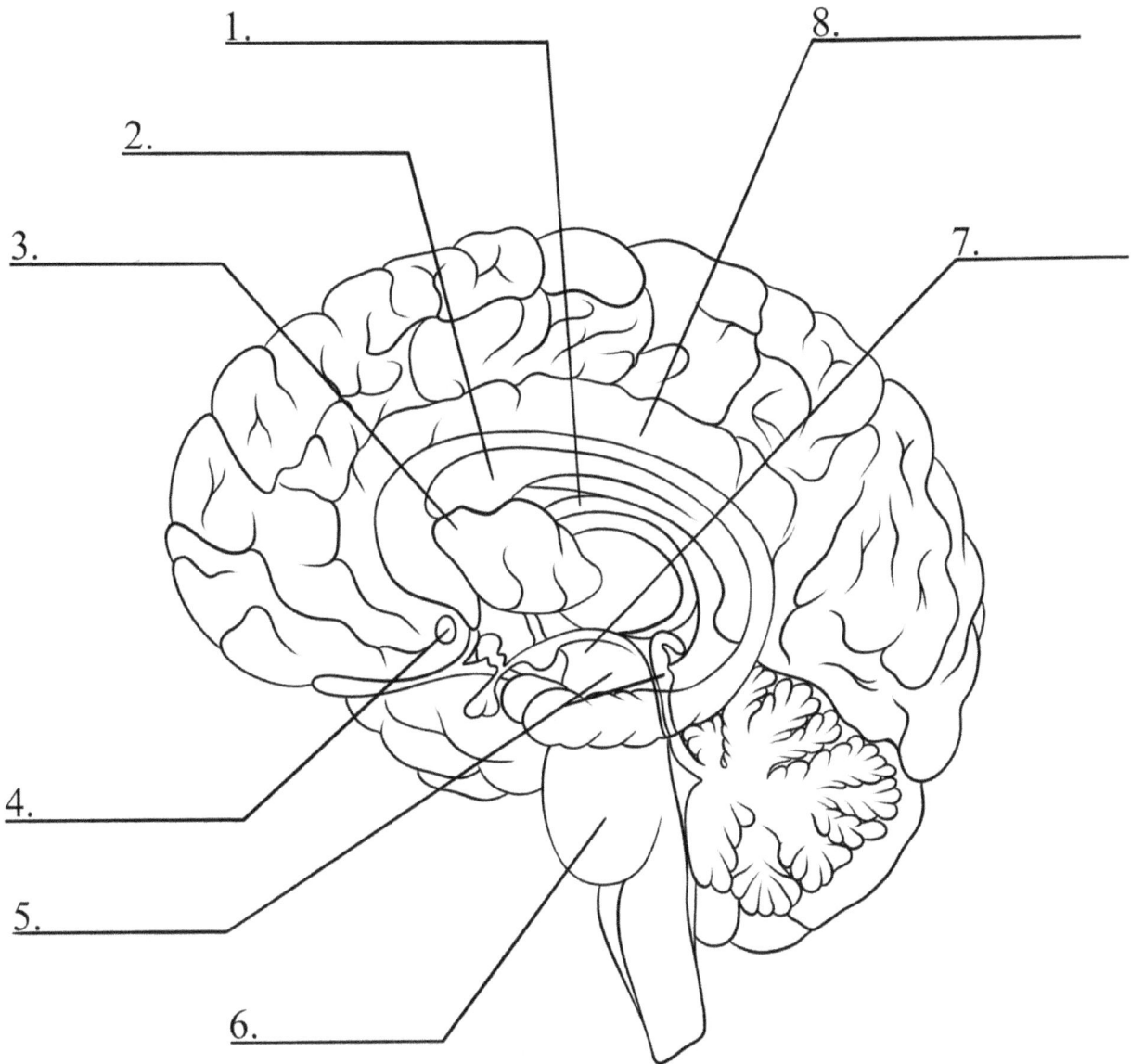

1. _____

2. _____

3. _____

4. _____

5. _____

6. _____

7. _____

8. _____

VISTA MEDIO SAGITAL

1. Fornix
2. Núcleo caudado
3. Putamen
4. Núcleo accumbens
5. Mesencéfalo
6. Pons
7. Tegmental ventral
8. Corteza cingulada

NERVIOS CRANEALES VISTA INFERIOR

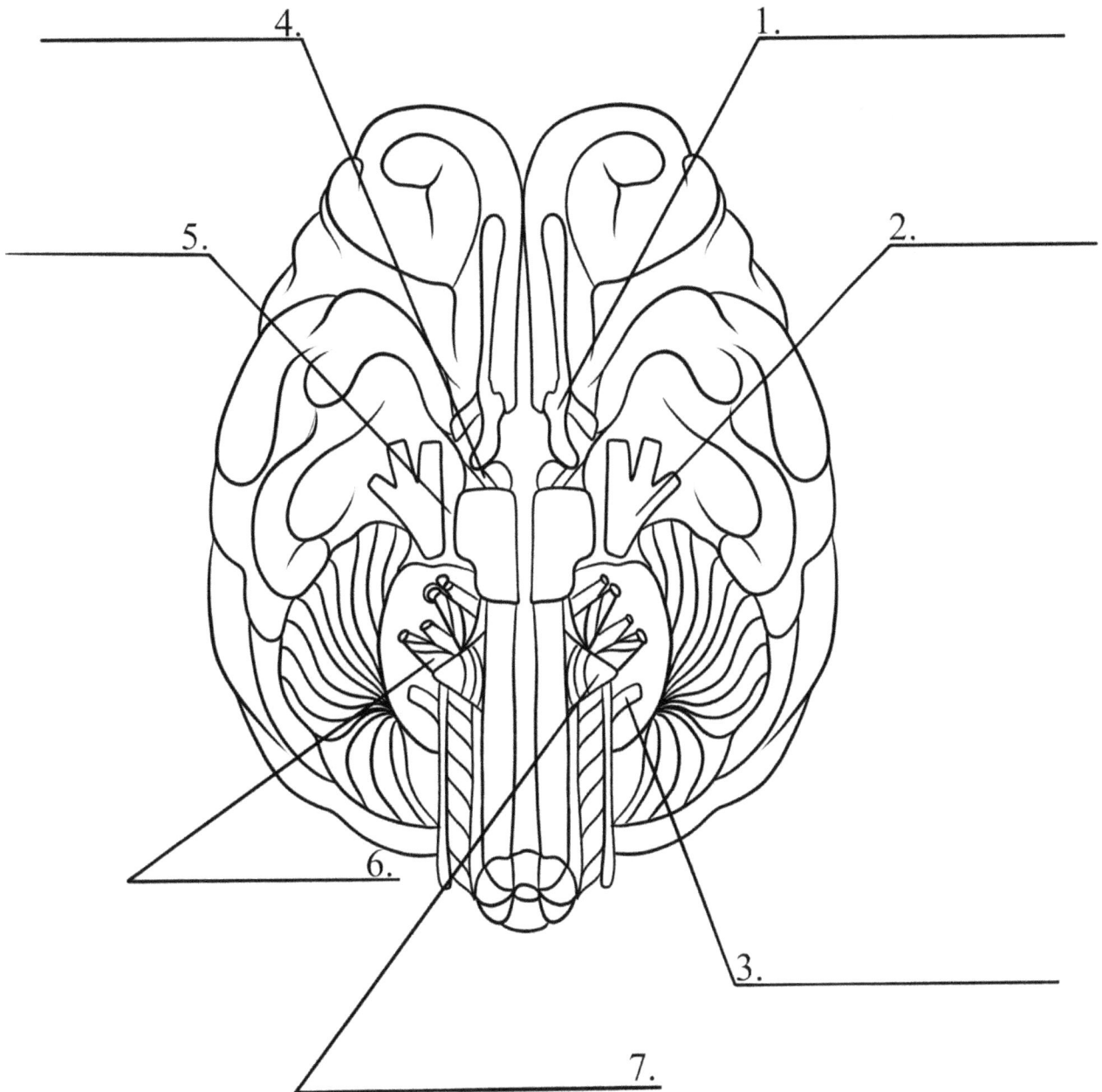

4. _____

1. _____

5. _____

2. _____

6. _____

3. _____

7. _____

NERVIOS CRANEALES VISTA INFERIOR

1. nervio óptico

2. Nervio trigémino

3. Nervio accesorio

4. Nervio oculomotor

5. Nervio troclear

6. Nervio vago

7. Nervio hipogloso

TÁLAMO

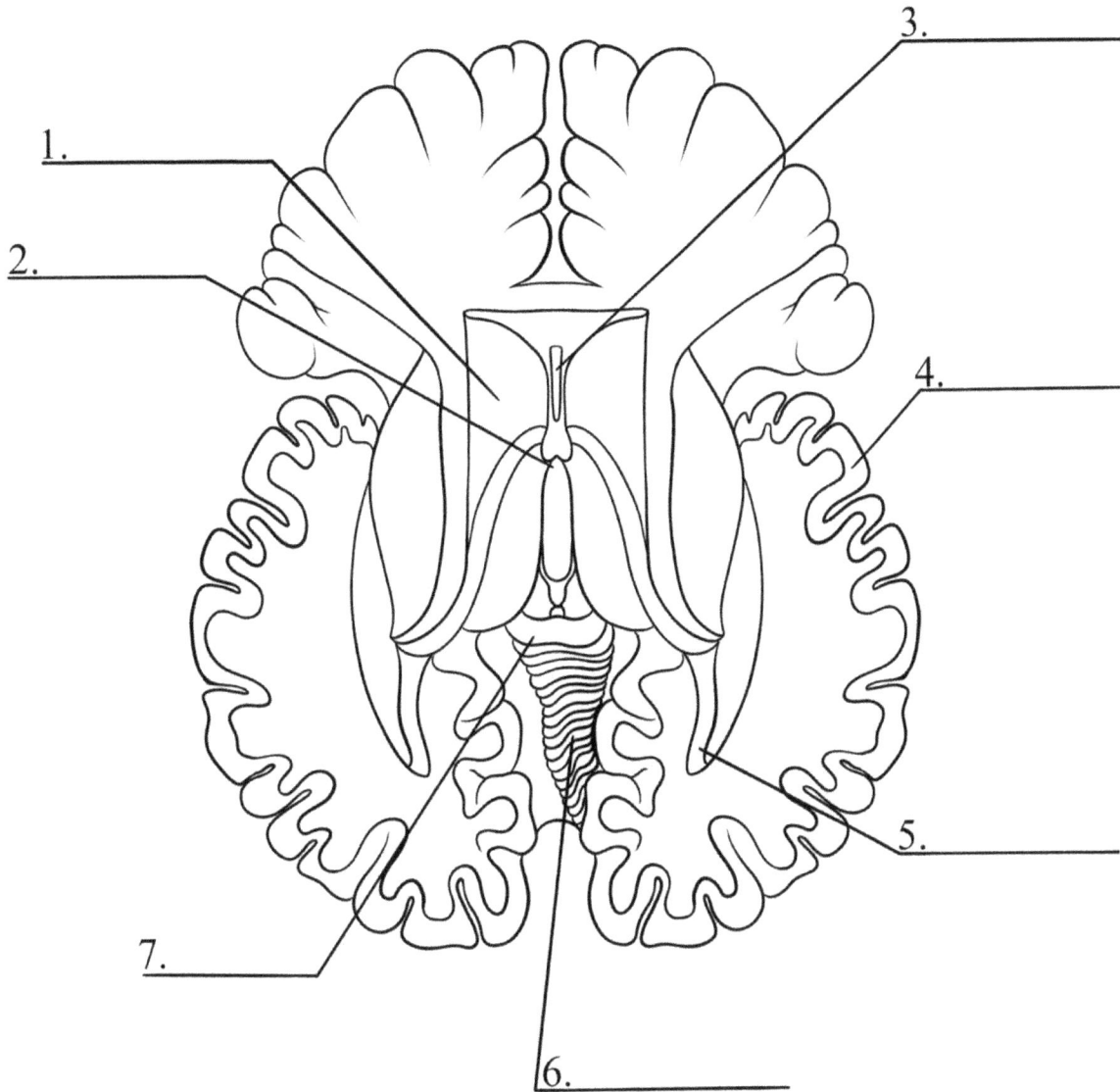

1.

2.

3.

4.

5.

6.

7.

TÁLAMO

1. Cabeza de núcleo caudado
2. Comisura anterior
3. Cavidad del septum pellucidum
4. Corteza del lóbulo temporal
5. Cuerno posterior del ventrículo lateral
6. Vermis del cerebelo
7. Coillculus inferior

SUMINISTRO DE SANGRE DEL SISTEMA NERVIOSO CENTRAL

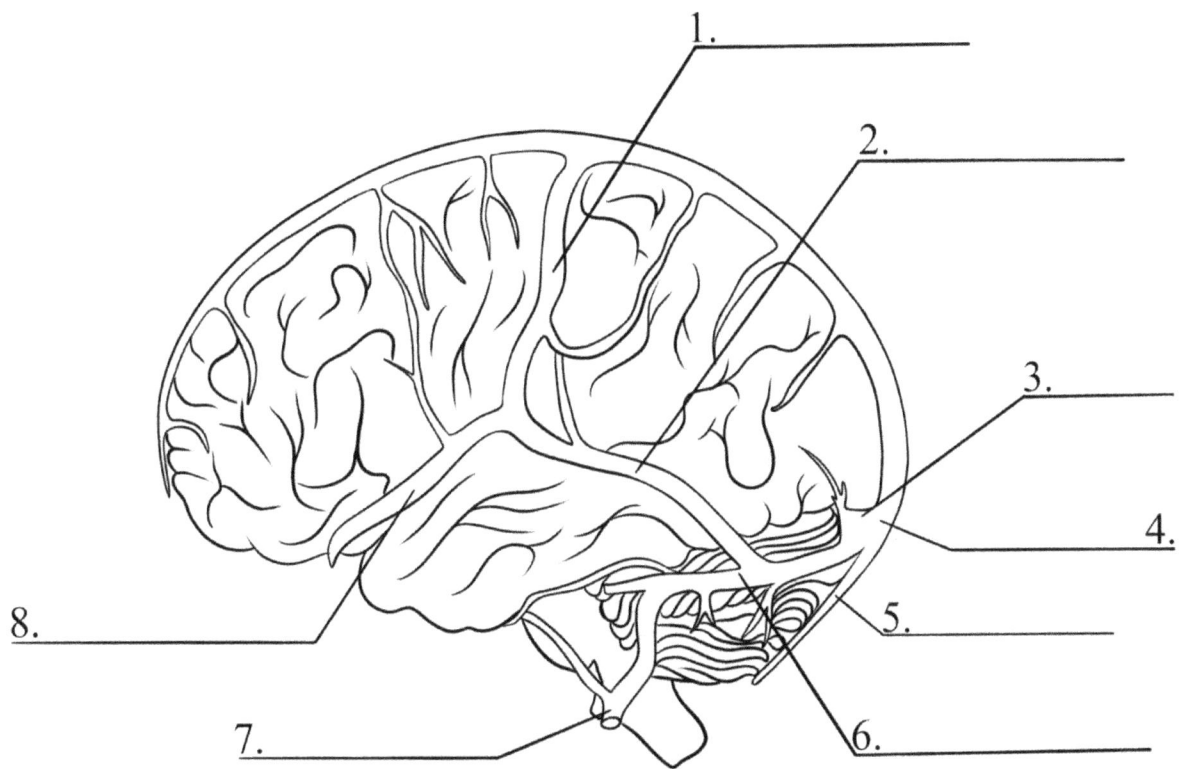

1. _____

2. _____

3. _____

4. _____

5. _____

6. _____

7. _____

8. _____

SUMINISTRO DE SANGRE DEL SISTEMA NERVIOSO CENTRAL

1. Vena anastomótica superior de Troland
2. Vena anastomótica inferior de Labbé
3. Seno recto
4. Confluencia de senos paranasales
5. Seno occipital
6. Seno transverso
7. Vena yugular interna
8. Vena cerebral media superficial

SUMINISTRO DE SANGRE DEL SISTEMA NERVIOSO CENTRAL

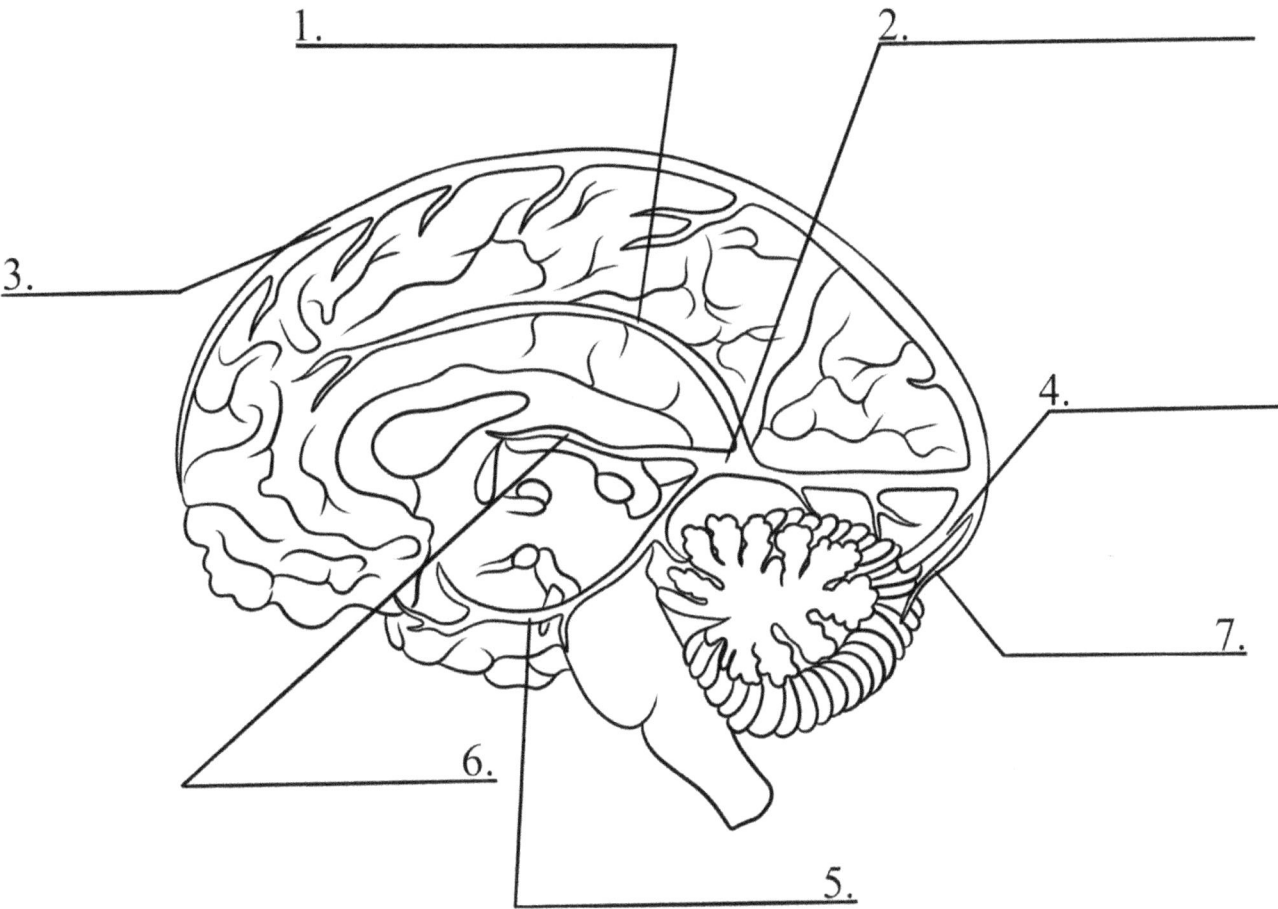

1.

2.

3.

4.

7.

6.

5.

SUMINISTRO DE SANGRE DEL SISTEMA NERVIOSO CENTRAL

1. Anastomótica inferior

2. Gran vena de Galeno

3. Seno sagital superior

4. Seno transverso

5. Vena basal de Rosenthal

6. Vena cerebral interna

7. Seno occipital

DISTRIBUCIÓN DE VASOS DE SANGRE

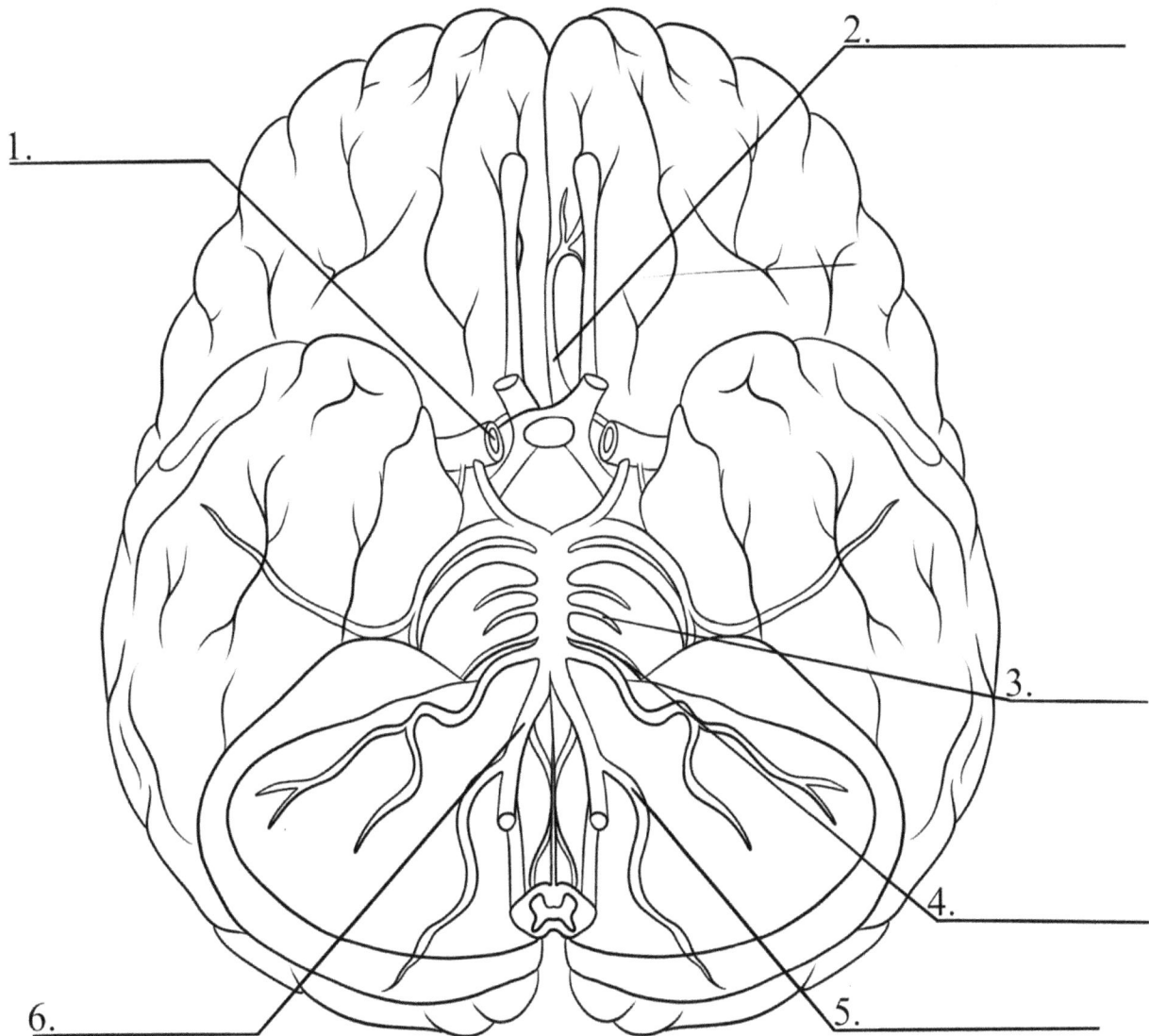

1.

2.

3.

4.

5.

6.

DISTRIBUCIÓN DE VASOS DE SANGRE

1. Carótida interna

2. Cerebral anterior

3. Pontine

4. Laberíntica

5. Cerebelo inferior posterior

6. Vertebral

HEMISFERIO CEREBRAL

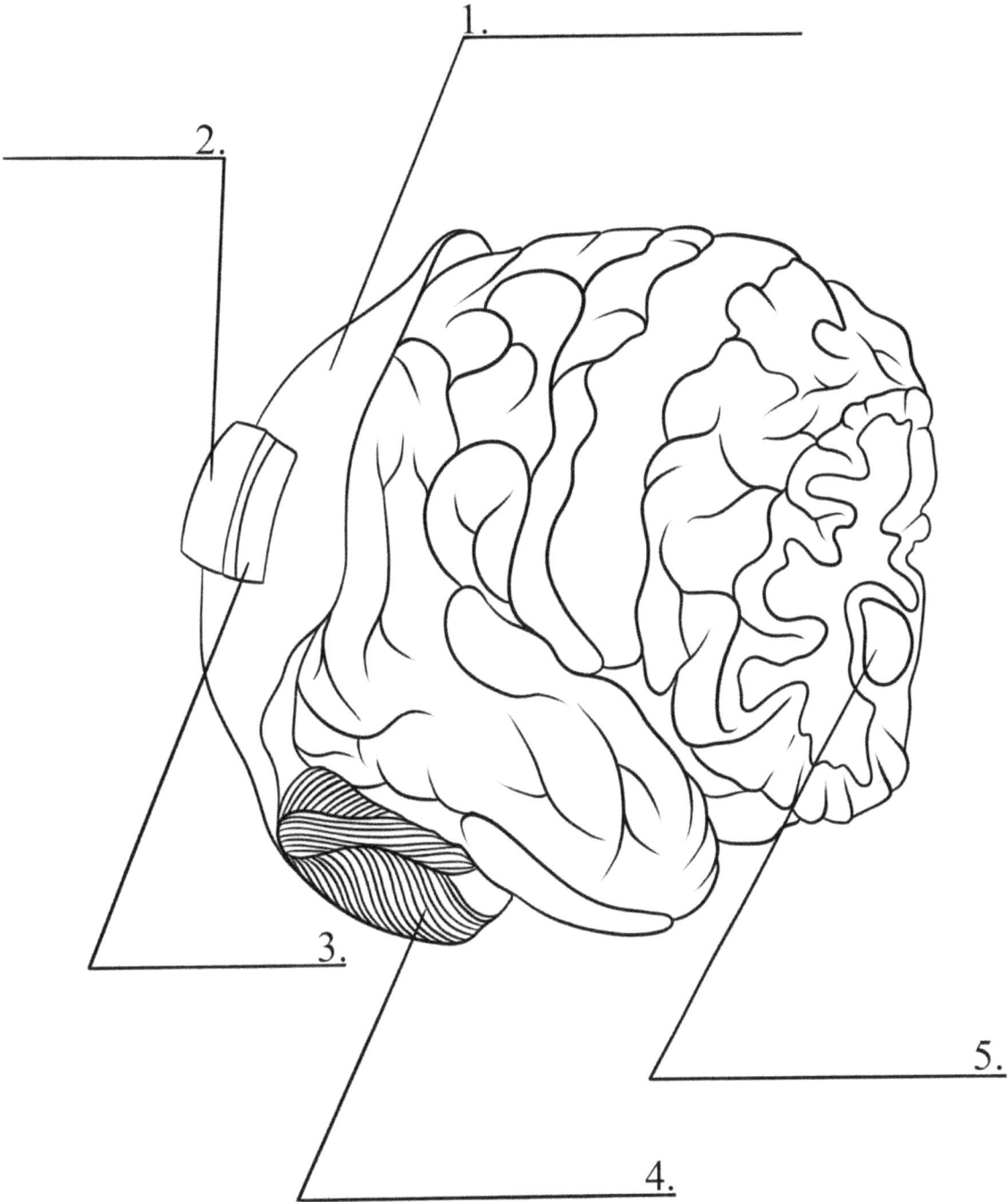

1.

2.

3.

4.

5.

HEMISFERIO CEREBRAL

1. Dura mater

2. Cuero cabelludo

3. Cráneo

4. Cerebelo

5. El líquido cefalorraquídeo circula dentro de los ventrículos

CIRCULACIÓN DE LÍQUIDO CEFALORRAQUÍDEO.

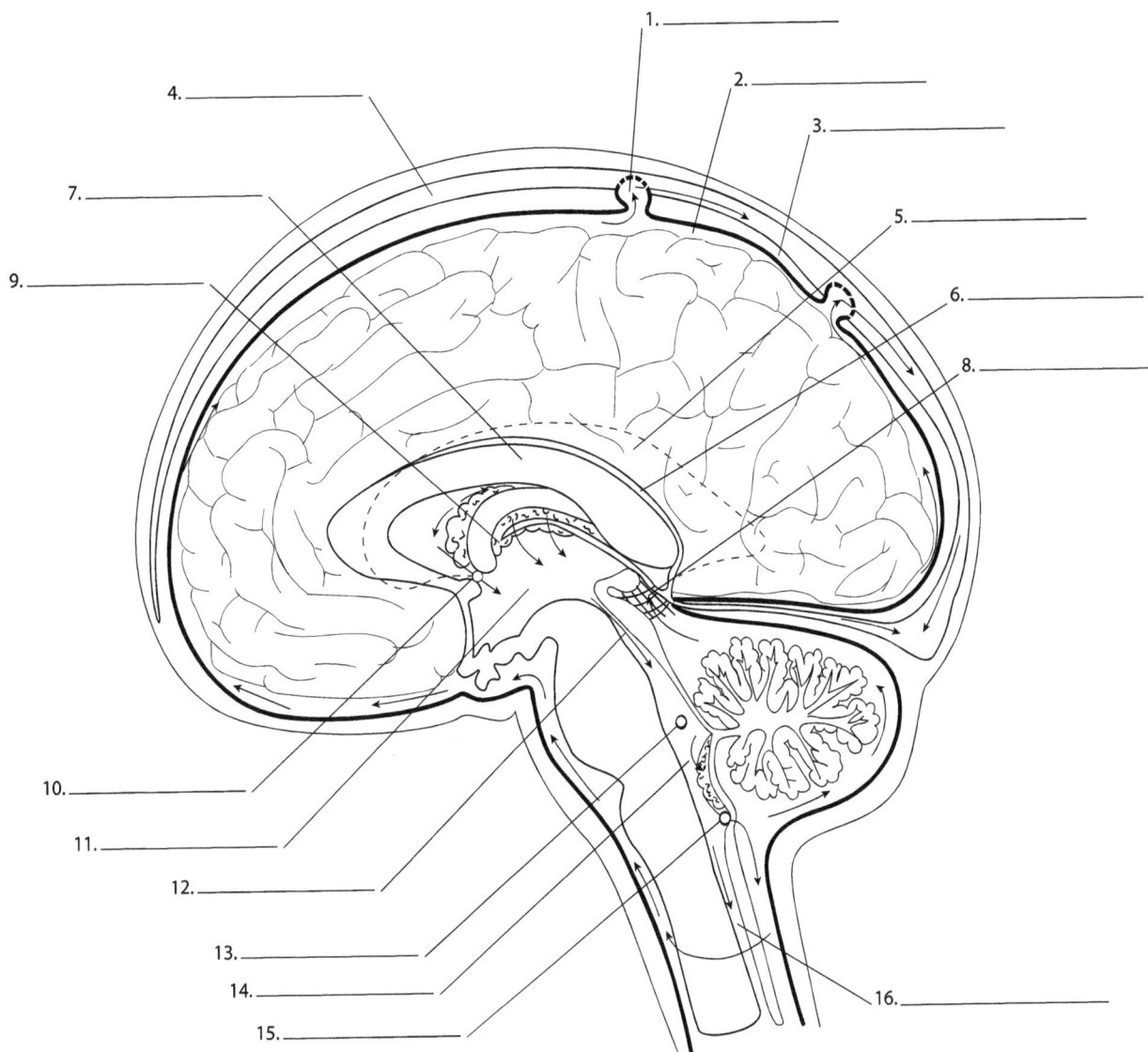

1. _____

2. _____

3. _____

4. _____

5. _____

6. _____

7. _____

8. _____

9. _____

10. _____

11. _____

12. _____

13. _____

14. _____

15. _____

16. _____

CIRCULACIÓN DE LÍQUIDO CEFALORRAQUÍDEO.

1. Granulaciones aracnoideas
2. Espacio subaracnoideo
3. Meningeal dura mater
4. Seno sagital superior
5. Ventrículo lateral
6. Seno sagital inferior
7. Cuerpo calloso
8. Seno cavernoso
9. Plexo coroideo
10. Foramen interventricular de Monro
11. Tercer ventrículo
12. Acueducto cerebral (acueducto de Sylvius)
13. Agujero lateral de Luschka
14. Cuarto ventrículo
15. Foramen de Magendie (apertura mediana)
16. Canal central

VENTRÍCULOS DEL CEREBRO

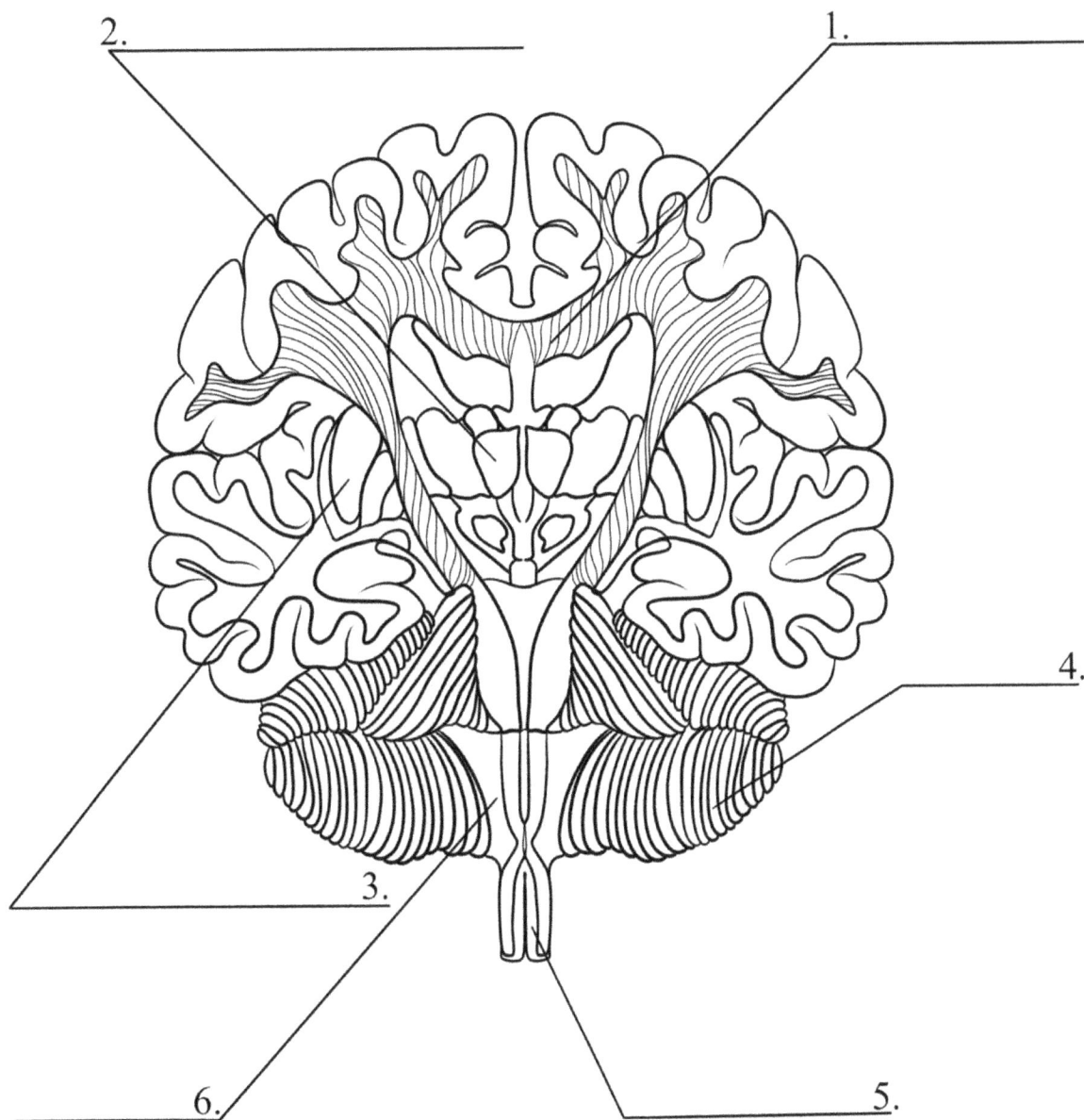

2. _____

1. _____

4. _____

3. _____

6. _____

5. _____

VENTRÍCULOS DEL CEREBRO

1. Corpus

2. Tálamo

3. Putamen

4. Cerebelo

5. Médula espinal

6. Médula

SISTEMA VISUAL

1. _____

2. _____

3. _____

4. _____

5. _____

6. _____

7. _____

8. _____

9. _____

10. _____

11. _____

12. _____

13. _____

14. _____

SISTEMA VISUAL

1. nervio óptico
2. Fibras cruzadas
3. Fibras sin cruzar
4. Quiasma óptico
5. Tracto óptico
6. Comisura de Guden
7. Pulvinar
8. Cuerpo geniculado lateral
9. Colículo superior
10. Cuerpo geniculado medial
11. Núcleo del nervio motor ocular común
12. Núcleo del nervio troclear
13. Núcleo del nervio abducente
14. Corteza de lóbulos occipitales

NERVIO TRIGÉMINO

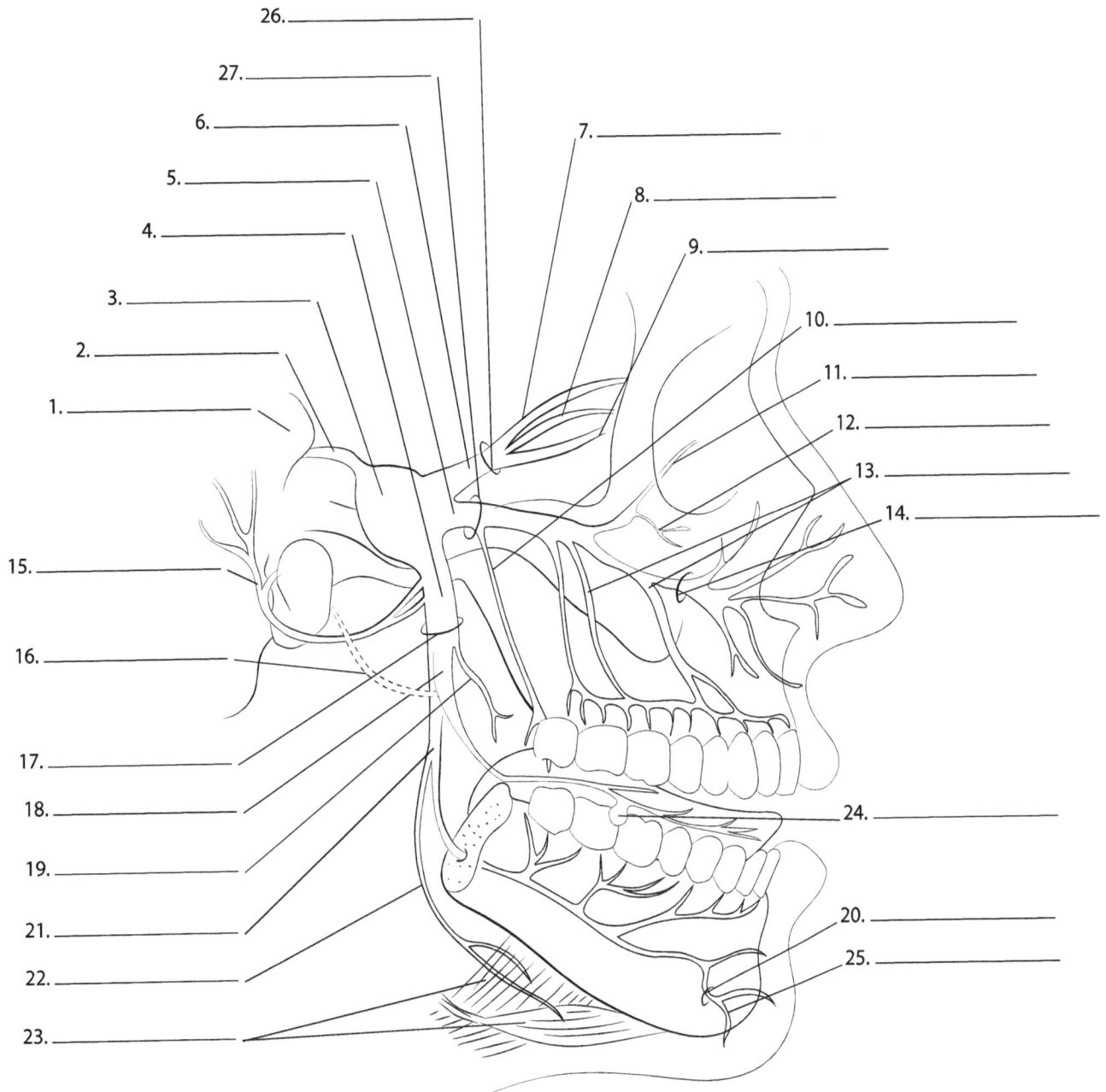

26. _____
27. _____
6. _____
5. _____
4. _____
3. _____
2. _____
1. _____

7. _____
8. _____
9. _____
10. _____
11. _____
12. _____
13. _____
14. _____

15. _____
16. _____
17. _____
18. _____
19. _____
21. _____
22. _____
23. _____

24. _____
20. _____
25. _____

NERVIO TRIGÉMINO

1. Pons
2. Nervio trigémino
3. Ganglio trigémino (V)
4. División mandibular (V3)
5. División maxilar (V2)
6. División oftálmica (V1)
7. Nervio facial
8. Nervio lagrimal
9. Nervio nasociliar
10. Nervi palatini (majores y minores)
11. Nervio infraorbitario
12. Nervio cigomático
13. Nervios alveolares superiores
14. Foramen infraorbitario
15. Nervio auriculotemporal
16. Cuerda del tímpano
17. Foramen oval
18. Nervio lingual
19. Nervio bucal
20. Agujero mentoniano
21. Nervios alveolares inferiores
22. Nervio milohioideo
23. Músculo milohioideo, vientre anterior del músculo digástrico
24. Ganglio submandibular
25. Nervio mental
26. Fisura orbitaria superior
27. Foramen redondo mayor

TIPOS DE NEURONAS BÁSICAS

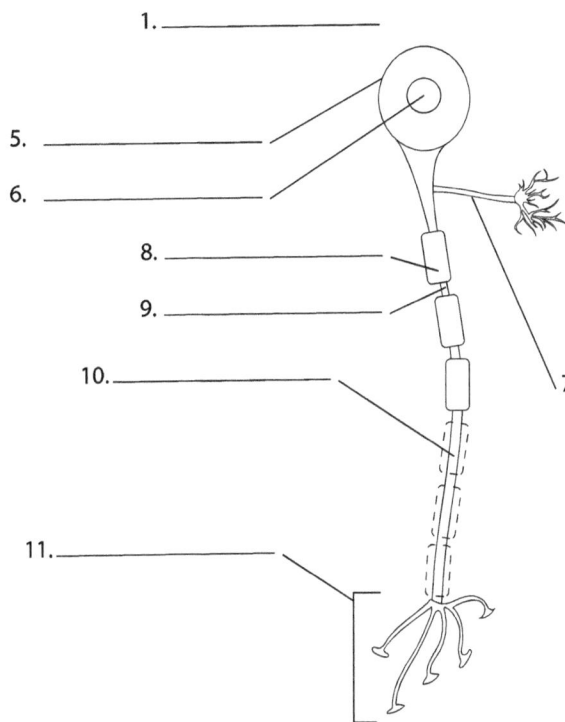

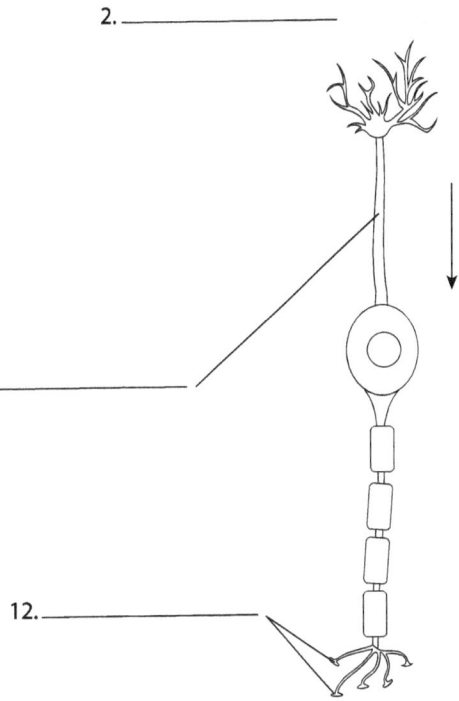

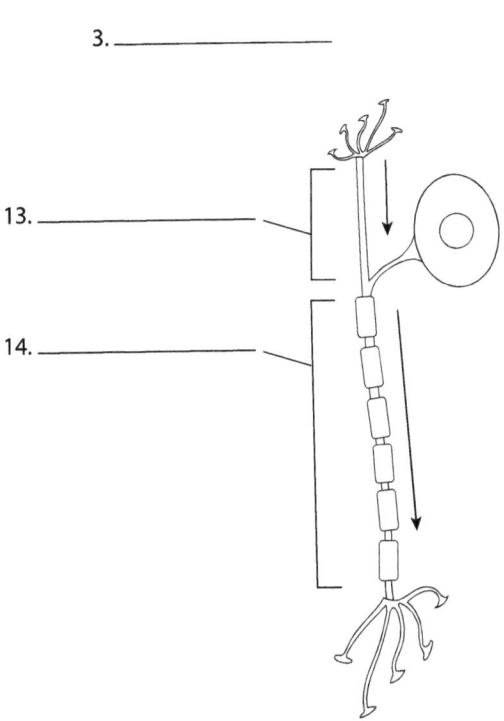

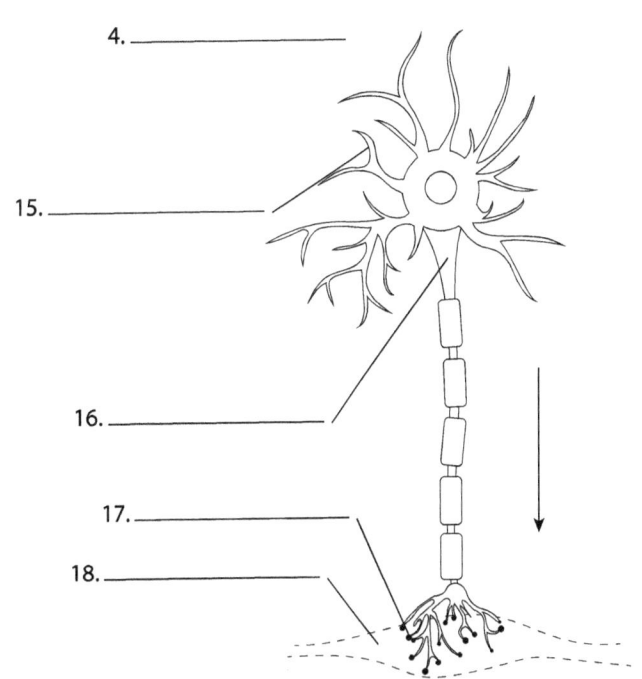

1. _____

5. _____

6. _____

8. _____

9. _____

10. _____

11. _____

7. _____

2. _____

12. _____

3. _____

13. _____

14. _____

4. _____

15. _____

16. _____

17. _____

18. _____

TIPOS DE NEURONAS BÁSICAS

1. Neurona unipolar
2. Neurona bipolar
3. Neurona pseudounipolar
4. Neurona multipolar
5. Cuerpo de la célula
6. Núcleo
7. Dendrita
8. Vaina de mielina
9. Nodo de Ranvier
10. Axón
11. Telodendria (terminales axónicos)
12. Botones de terminal
13. Rama periférica
14. Rama central
15. Dendrita
16. Cono axónico
17. Sinapsis neuromusculares
18. Músculo

ANATOMÍA DE LA MÉDULA ESPINAL

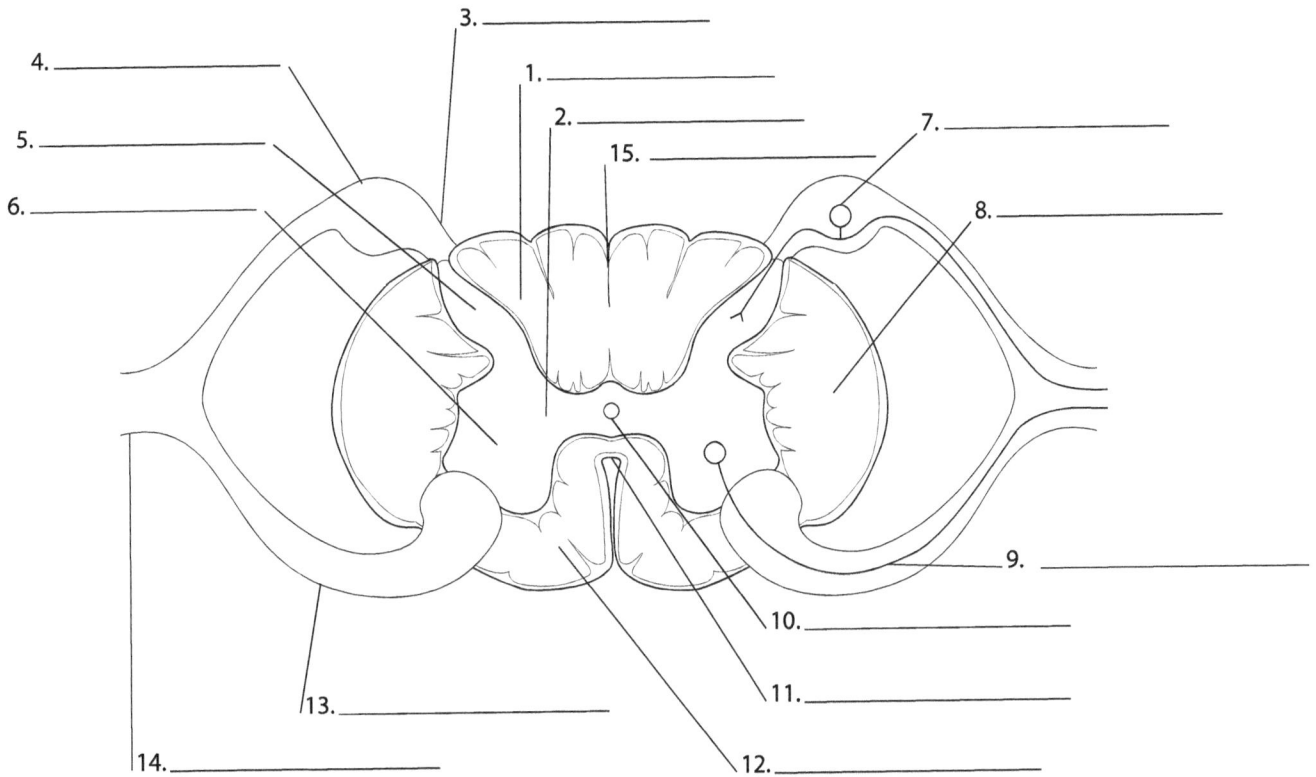

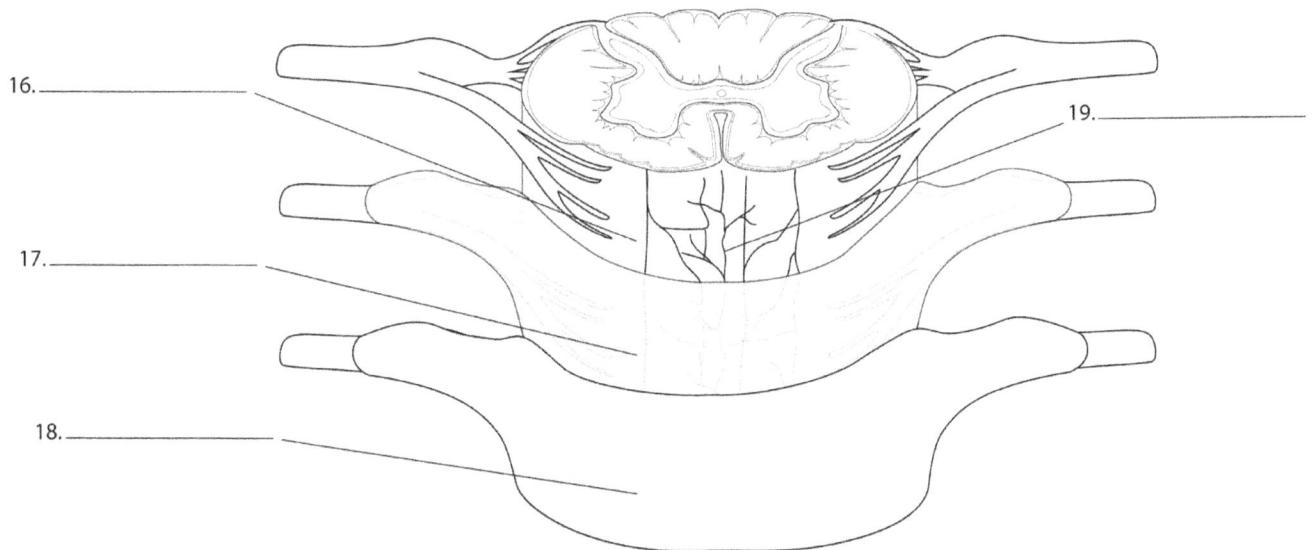

3. _____

4. _____

1. _____

5. _____

2. _____

6. _____

15. _____

7. _____

8. _____

9. _____

10. _____

11. _____

13. _____

12. _____

14. _____

16. _____

19. _____

17. _____

18. _____

ANATOMÍA DE LA MÉDULA ESPINAL

1. Materia blanca

2. Materia gris

3. Espina dorsal

4. Ganglio de la raíz dorsal

5. Cuerno dorsal

6. Cuerno ventral

7. Soma de neuronas sensoriales

8. Funículo lateral

9. Neurona motora

10. Canal central

11. Fisura media anterior

12. Funículo anterior

13. Raíz ventral

14. Nervio Espinal

15. Surco medio posterior

16. Pia mater

17. Materia aracnoidea

18. Dura mater

19. Venas

TRACTOS DE LA MÉDULA ESPINAL

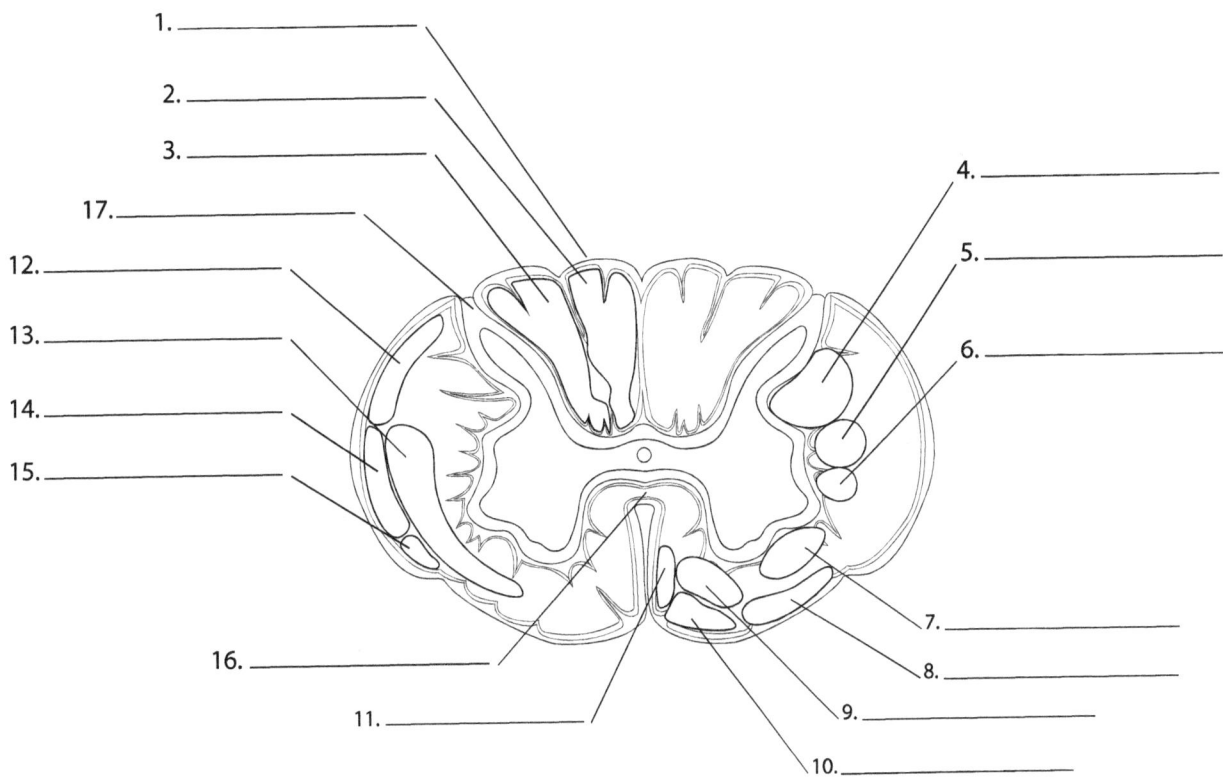

1. _____

2. _____

3. _____

17. _____

12. _____

13. _____

14. _____

15. _____

16. _____

11. _____

4. _____

5. _____

6. _____

7. _____

8. _____

9. _____

10. _____

TRACTOS DE LA MÉDULA ESPINAL

1. Sistema de columna posterior (dorsal)
2. Fascículo grácil
3. Fascículo cuneiforme
4. Tracto corticoespinal lateral (piramidal)
5. Tracto rubroespinal
6. Fibras autonómicas descendentes
7. Tracto reticuloespinal medular (lateral)
8. Tracto vestibuloespinal
9. Tracto reticuloespinal pontino (medial)
10. Tracto tectoespinal
11. Tracto corticoespinal anterior (ventral)
12. Tracto espinocerebeloso posterior (dorsal)
13. Sistema anterolateral (5 tractos)
14. Tracto espinocerebeloso anterior (ventral)
15. Tracto espino-olivar
16. Comisura anterior
17. Fascículo dorsolateral (tracto de Lissauer)

CRÁNEO (VISTA FRONTAL)

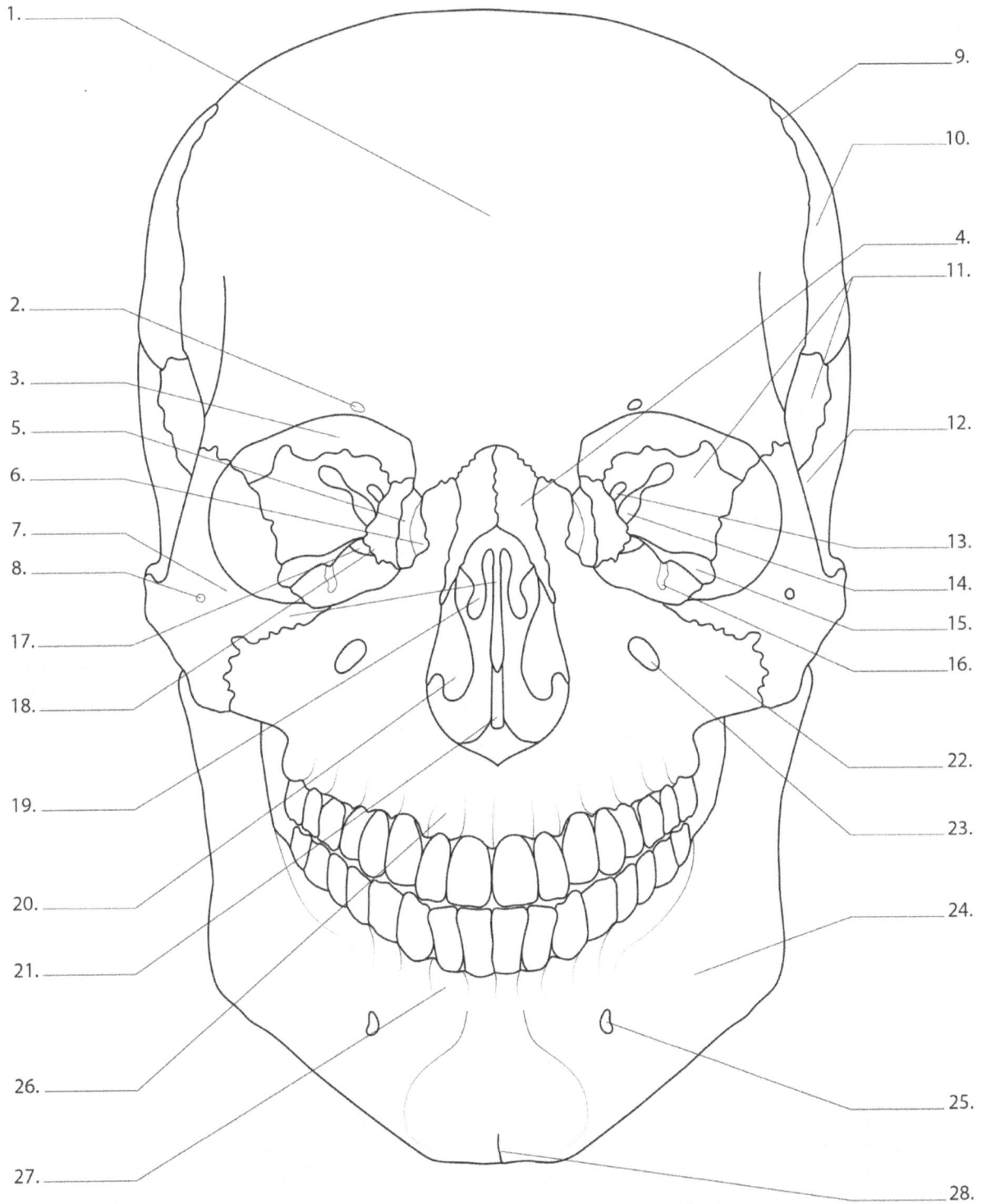

1.
2.
3.
5.
6.
7.
8.
17.
18.
19.
20.
21.
26.
27.

9.
10.
4.
11.
12.
13.
14.
15.
16.
22.
23.
24.
25.
28.

CRÁNEO (VISTA FRONTAL)

1. Hueso frontal
2. Foramen supraorbitario
3. Cavidad orbitaria
4. Hueso nasal
5. Hueso lagrimal
6. Fosa lagrimal
7. Hueso cigomático
8. Fosa cigomaticofaciale
9. Sutura coronal
10. Hueso parietal
11. Hueso esfenoides
12. Hueso temporal
13. Canal óptico
14. Fisura orbitaria superior
15. Fisura orbitaria inferior
16. Surco infraorbital
17. Hueso palatino
18. Hueso etmoides
19. Cornete medio
20. Cornete inferior
21. Vomer
22. Maxilar
23. Foramen infraorbitario
24. Mandíbula
25. Agujero mentoniano
26. Proceso alveolar del maxilar
27. Proceso alveolar de la mandíbula
28. Protuberancia mental de la mandíbula

BASE CRANEAL (VISTA EXTERNA)

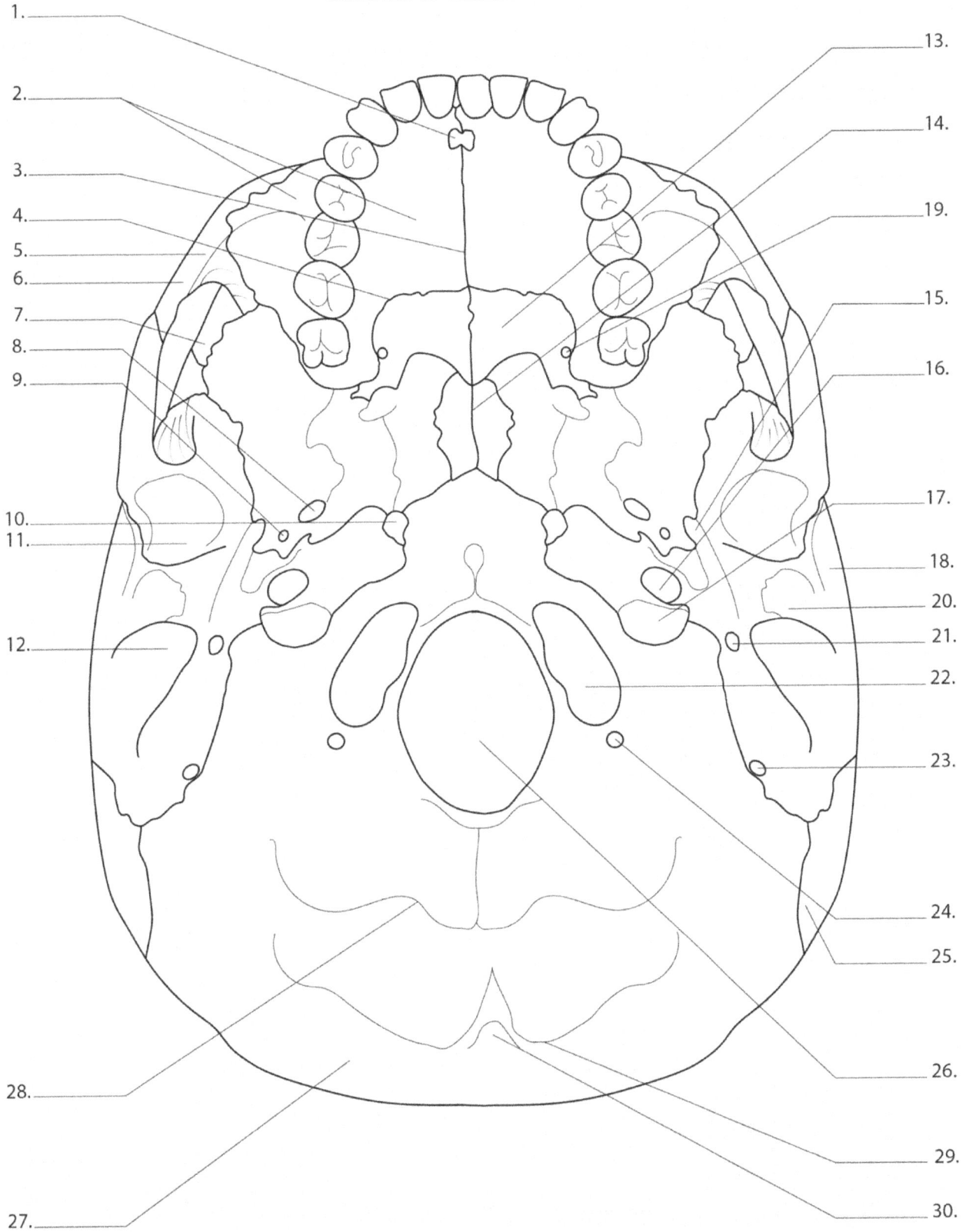

1.

2.

3.

4.

5.

6.

7.

8.

9.

10.

11.

12.

13.

14.

19.

15.

16.

17.

18.

20.

21.

22.

23.

24.

25.

26.

28.

29.

30.

27.

BASE CRANEAL (VISTA EXTERNA)

1. Foramen incisivo
2. Maxilar
3. Sutura palatina mediana
4. Sutura palatina tansversa
5. Hueso cigomático
6. Arco cigomático
7. Hueso frontal
8. Foramen oval
9. Foramen espinoso
10. Foramen lacerum
11. Fosa mandibular
12. Apófisis mastoides
13. Hueso palatino
14. Vomer
15. Proceso estiloide
16. Conducto carotídeo
17. Foramen yugular
18. Hueso temporal
19. Nervio palatino mayor
20. Meato auditivo externo
21. Foramen estilomastoideo
22. Cóndilo occipital
23. Foramen mastoideo
24. Fosa condilar
25. Hueso parietal
26. Foramen magno
27. Hueso occipital
28. Línea nucal inferior
29. Línea nucal superior
30. Protuberancia occipital externa

BASE CRANEAL (VISTA INTERNA)

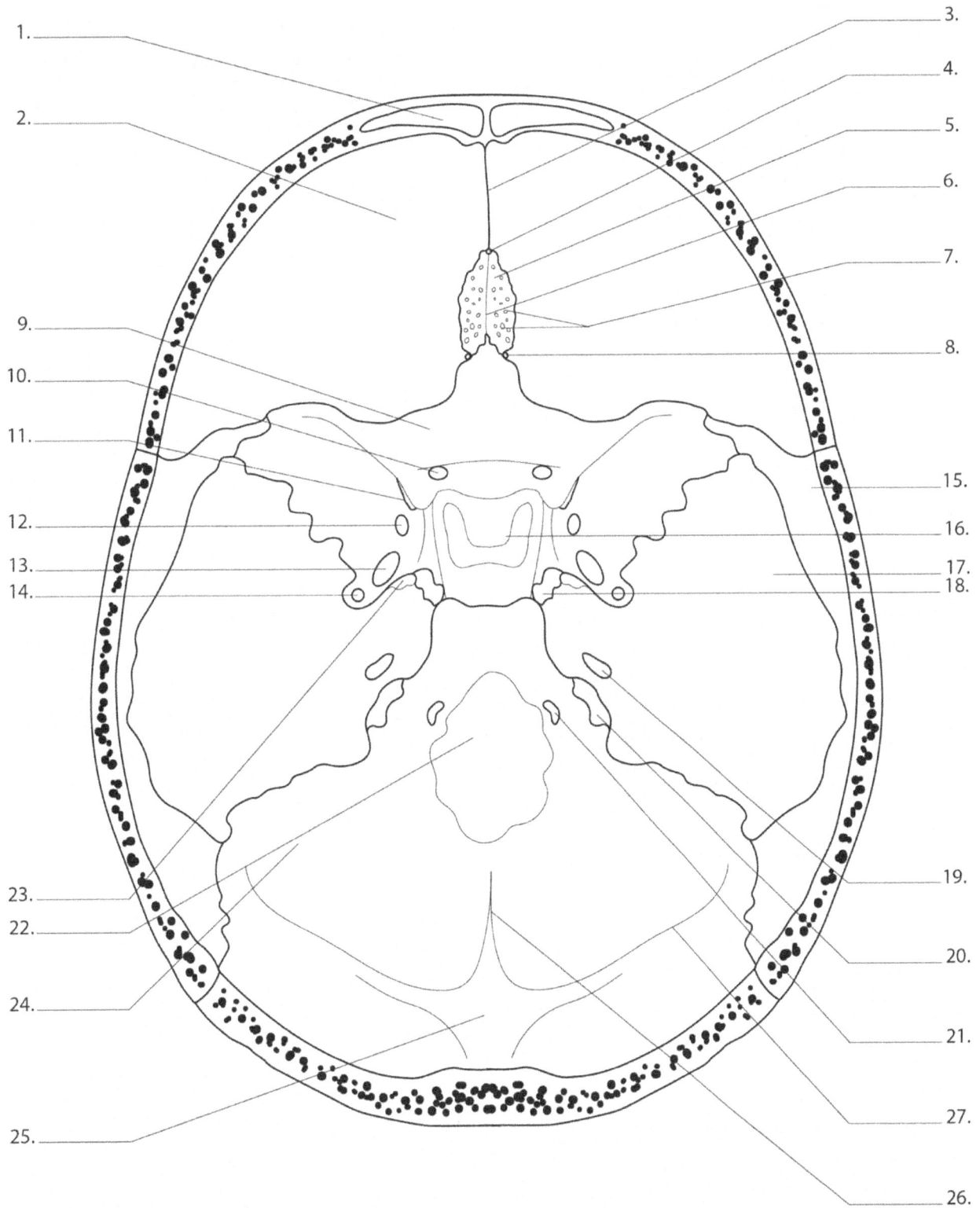

1.
2.
3.
4.
5.
6.
7.
8.
9.
10.
11.
12.
13.
14.
15.
16.
17.
18.
19.
20.
21.
22.
23.
24.
25.
26.
27.

BASE CRANEAL (VISTA INTERNA)

1. Seno frontal
2. Hueso frontal
3. Cresta Foramen
4. Foramen ciego
5. Hueso etmoides
6. Crista galli
7. Lámina cribosa
8. Foramen etmoides posterior
9. Hueso esfenoide
10. Foramen óptico
11. Fisura orbital superior
12. Foramen redondo mayor
13. Foramen oval
14. Foramen espinoso
15. Hueso parietal
16. Sella turcica
17. Hueso temporal
18. Foramen lacerum
19. Conducto auditivo interno
20. Foramen yugular
21. Conducto del hipogloso
22. Foramen magno
23. Conducto carotídeo
24. Hueso occipital
25. Protuberancia occipital interna
26. Cresta occipital interna
27. Surco para el seno transverso

ARTICULACIÓN TEMPOROMANDIBULAR (VISTA LATERAL)

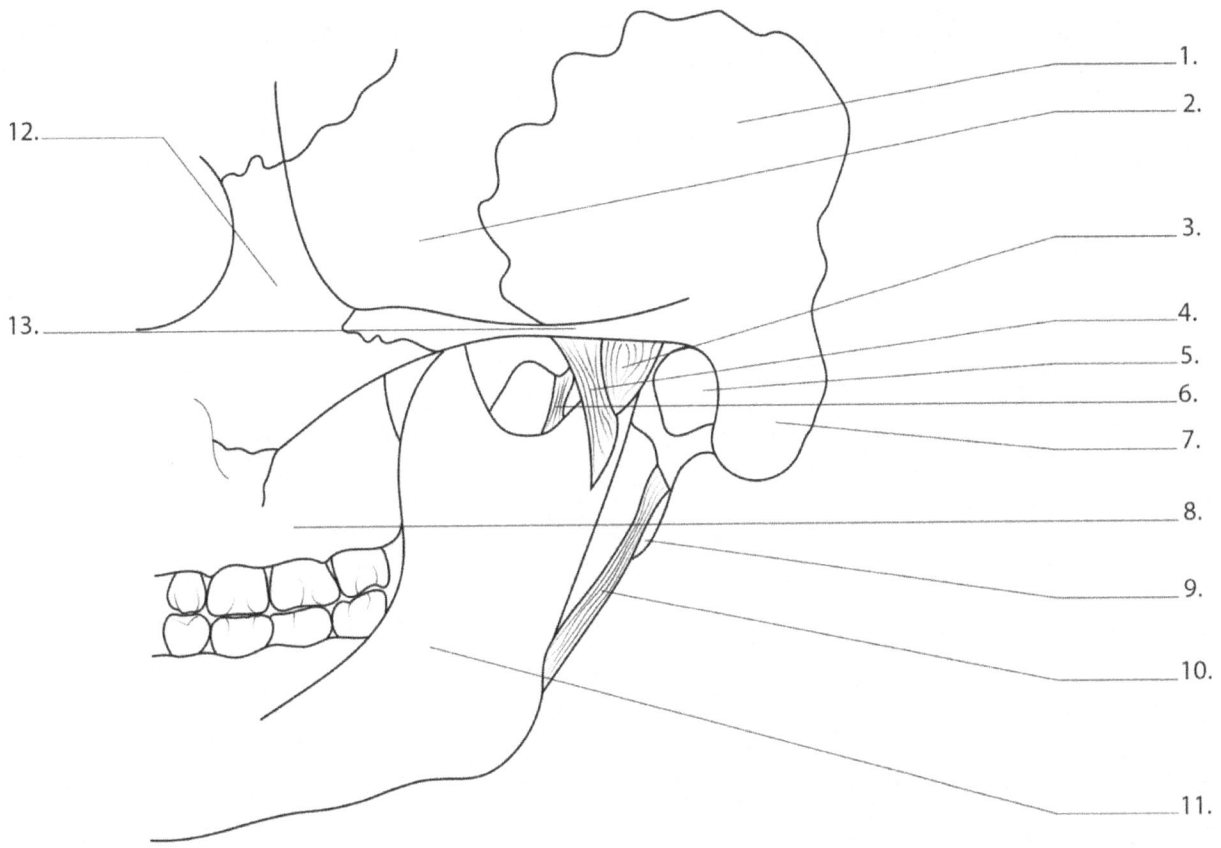

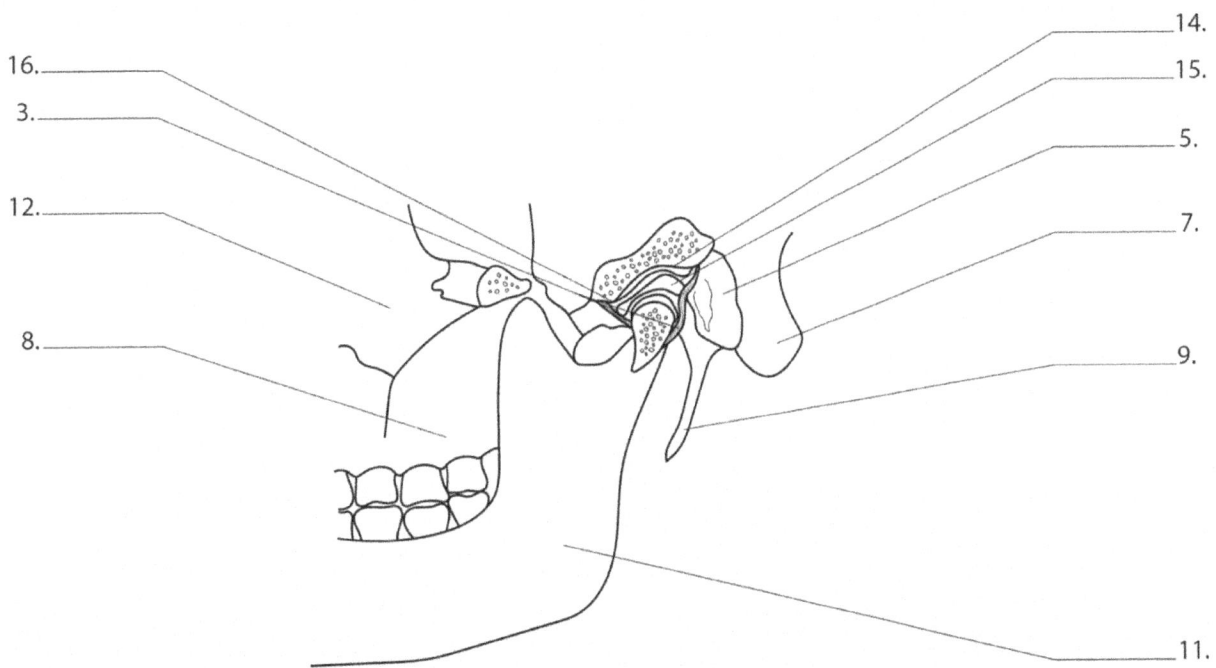

12.

13.

1.

2.

3.

4.

5.

6.

7.

8.

9.

10.

11.

16.

3.

12.

8.

14.

15.

5.

7.

9.

11.

ARTICULACIÓN TEMPOROMANDIBULAR (VISTA LATERAL)

1. Hueso temporal
2. Hueso esfenoide
3. Cápsula articular
4. Ligamento colateral
5. Meato auditivo externo
6. Ligamento esfenomandibular
7. Apófisis mastoides
8. Maxilar
9. Proceso estiloide
10. Ligamento estilomandibular
11. Ramo de la mandíbula
12. Hueso cigomático
13. Arco cigomático
14. Mandíbula fosa
15. Disco articular
16. Tubérculo articular

MÚSCULOS DE LA CARA (VISTA FRONTAL)

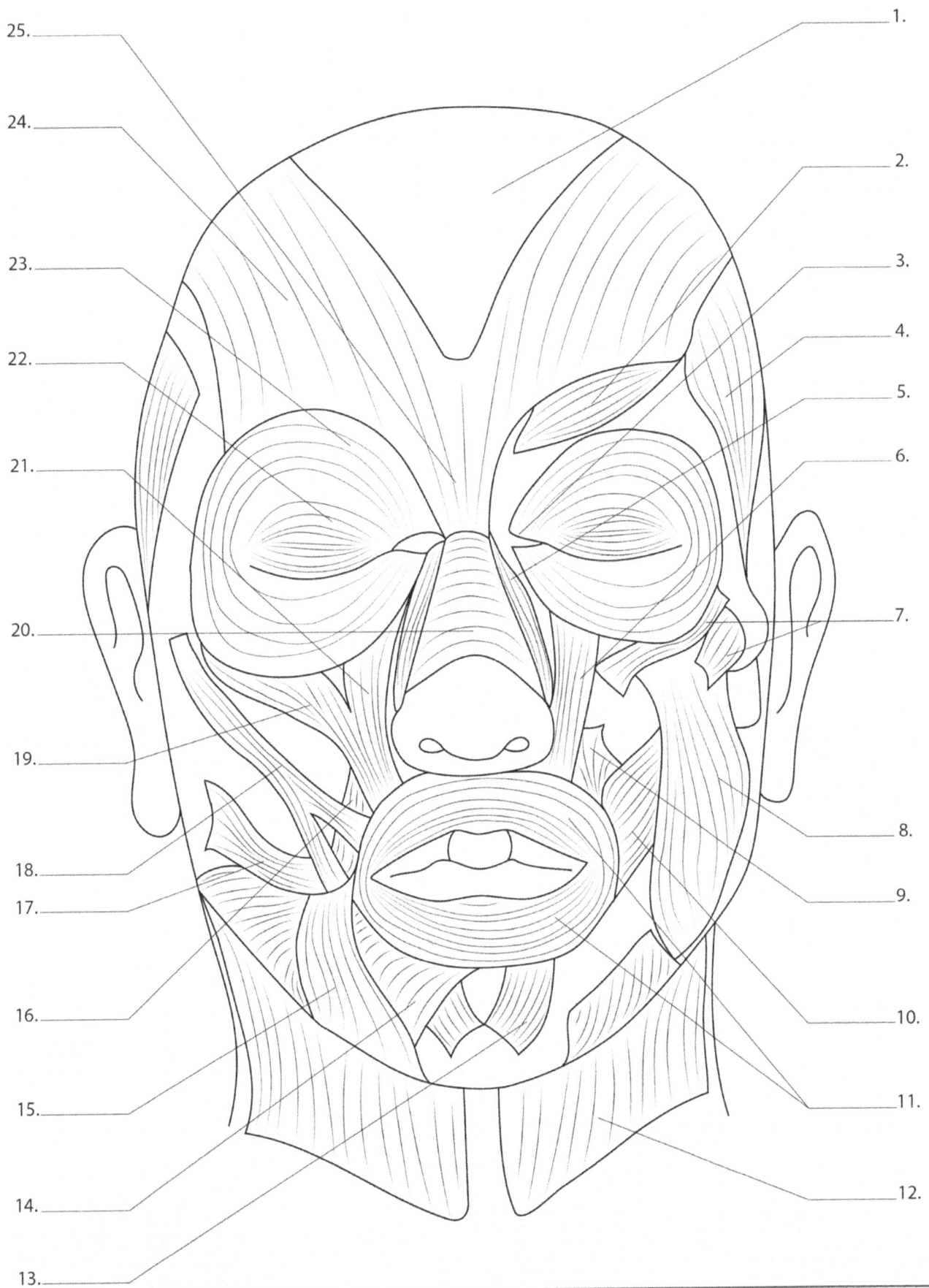

25.

24.

23.

22.

21.

20.

19.

18.

17.

16.

15.

14.

13.

1.

2.

3.

4.

5.

6.

7.

8.

9.

10.

11.

12.

MÚSCULOS DE LA CARA (VISTA FRONTAL)

1. Galea aponeurótica

2. Músculo corrugador superciliar

3. Músculo elevador labii superioris alaeque nasi

4. Músculo temporal

5. Muscle nasalis (pars transversa)

6. Músculo elevador labii superiorus

7. Músculo cigomático menor y mayor

8. Músculo masetero

9. Músculo elevador anguli oris

10. Músculo buccinador

11. Músculo orbicular de los ojos

12. Platisma

13. Músculo mentoniano

14. Depresor muscular labii inferioris

15. Músculo depresor anguli oris

16. Músculo elevador anguli oris

17. Músculo risorio

18. Músculo cigomático mayor

19. Músculo cigomático menor

20. Muscle nasalis (pars transversa)

21. Músculo elevador labii superioris

22. Músculo orbicular de los ojos (porción palpebral)

23. Músculo orbicularis oculi (porción orbitalis)

24. Músculo occipitofrontal (porción frontal)

25. Músculo procerus

MÚSCULOS DE CARA Y CUELLO (VISTA LATERAL)

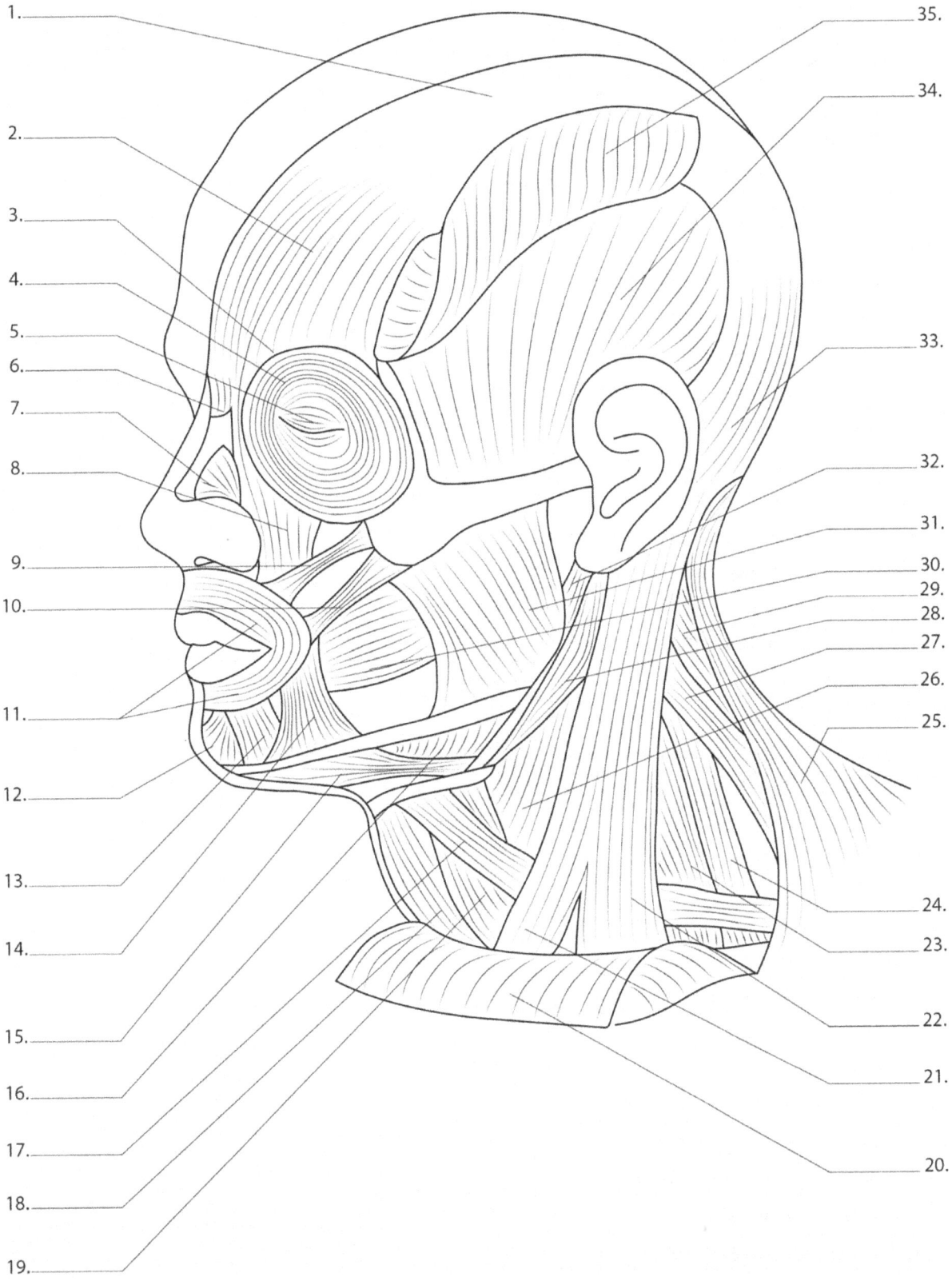

1. _____

2. _____

3. _____

4. _____

5. _____

6. _____

7. _____

8. _____

9. _____

10. _____

11. _____

12. _____

13. _____

14. _____

15. _____

16. _____

17. _____

18. _____

19. _____

35. _____

34. _____

33. _____

32. _____

31. _____

30. _____

29. _____

28. _____

27. _____

26. _____

25. _____

24. _____

23. _____

22. _____

21. _____

20. _____

MÚSCULOS DE CARA Y CUELLO (VISTA LATERAL)

1. Galea aponeurótica
2. Vientre frontal del músculo occipitofrontalis
3. Corrugador muscular suprcilii
4. Músculo orbicular de los ojos (porción palpebral)
5. Músculo orbicularis oculi (porción orbitalis)
6. Músculo procerus
7. Músculo nasal
8. Músculo elevador labii superiorus
9. Músculo cigomático menor
10. Músculo cigomático mayor
11. Músculo orbicular de los ojos
12. Músculo mentoniano
13. Depresor muscular labii inferioris
14. Músculo depresor anguli oris
15. Músculo digástrico (vientre anterior)
16. Músculo milohioideo
17. Músculo omohioideo
18. Músculo esternocleidohioideo
19. Músculo tirohioideo
20. Platisma
21. Esternocleidomastoideo muscular (cabeza del esternón)
22. Esternocleidomastoideo muscular (cabeza clavicular)
23. Músculo escaleno medio
24. Músculo escaleno posterior
25. Músculo Trapecio
26. Músculo constrictor faringe
27. Escápula elevadora del músculo
28. Músculo digástrico (vientre posterior)
29. Músculo esplenio
30. Músculo buceador
31. Músculo masetero
32. Músculo estilohioideo
33. Vientre occipital del músculo occipitofrontal
34. Músculo temporal
35. Músculo temporoparietal

HUESOS DE CABEZA Y CUELLO
(VISTA LATERAL)

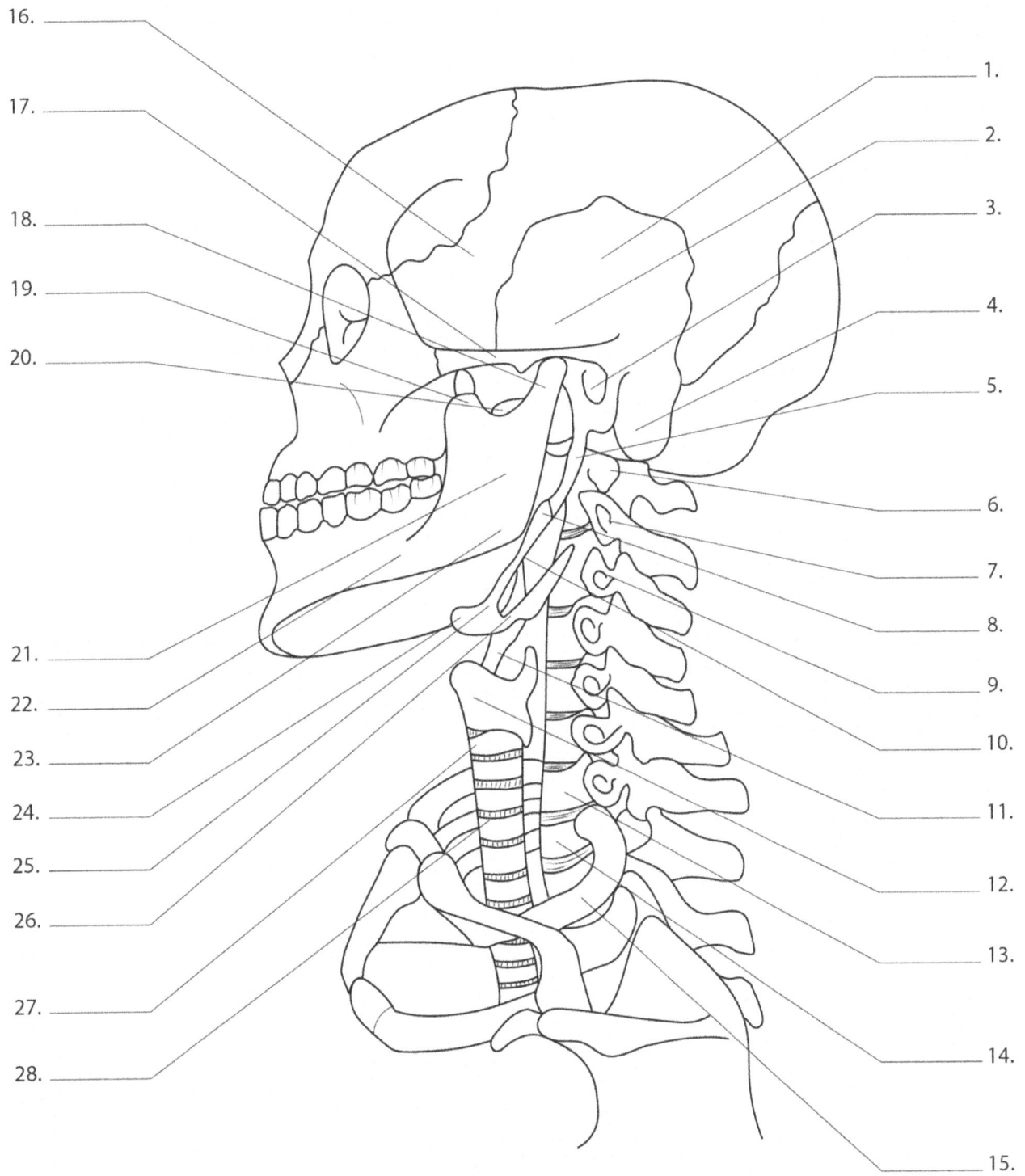

16.

17.

18.

19.

20.

21.

22.

23.

24.

25.

26.

27.

28.

1.

2.

3.

4.

5.

6.

7.

8.

9.

10.

11.

12.

13.

14.

15.

HUESOS DE CABEZA Y CUELLO
(VISTA LATERAL)

1. Hueso temporal
2. Fosa temporal
3. Meato auditivo externo
4. Proceso mastoideo
5. Proceso estiloide
6. Atlas (C1)
7. Eje (C2)
8. Ligamento estilomandibular
9. Vértebra C3
10. Ligamento estilohioideo
11. Epiglotis
12. Cartílago tiroides
13. Vértebra C7
14. Vértebra T1
15. Primera costilla
16. Hueso esfenoide
17. Arco cigomático
18. Proceso condilar de la mandíbula
19. Apófisis coronoides de la mandíbula
20. Muesca mandibular (incisivo)
21. Ramo de la mandíbula
22. Cuerpo de la mandíbula
23. Ángulo de la mandíbula
24. Cuerpo del hueso hioides
25. Cuerno menor de hueso hioides
26. Cuerno mayor de hueso hioides
27. Cartílago cricoides
28. Tráquea

MÚSCULOS DEL PECHO (VISTA FRONTAL)

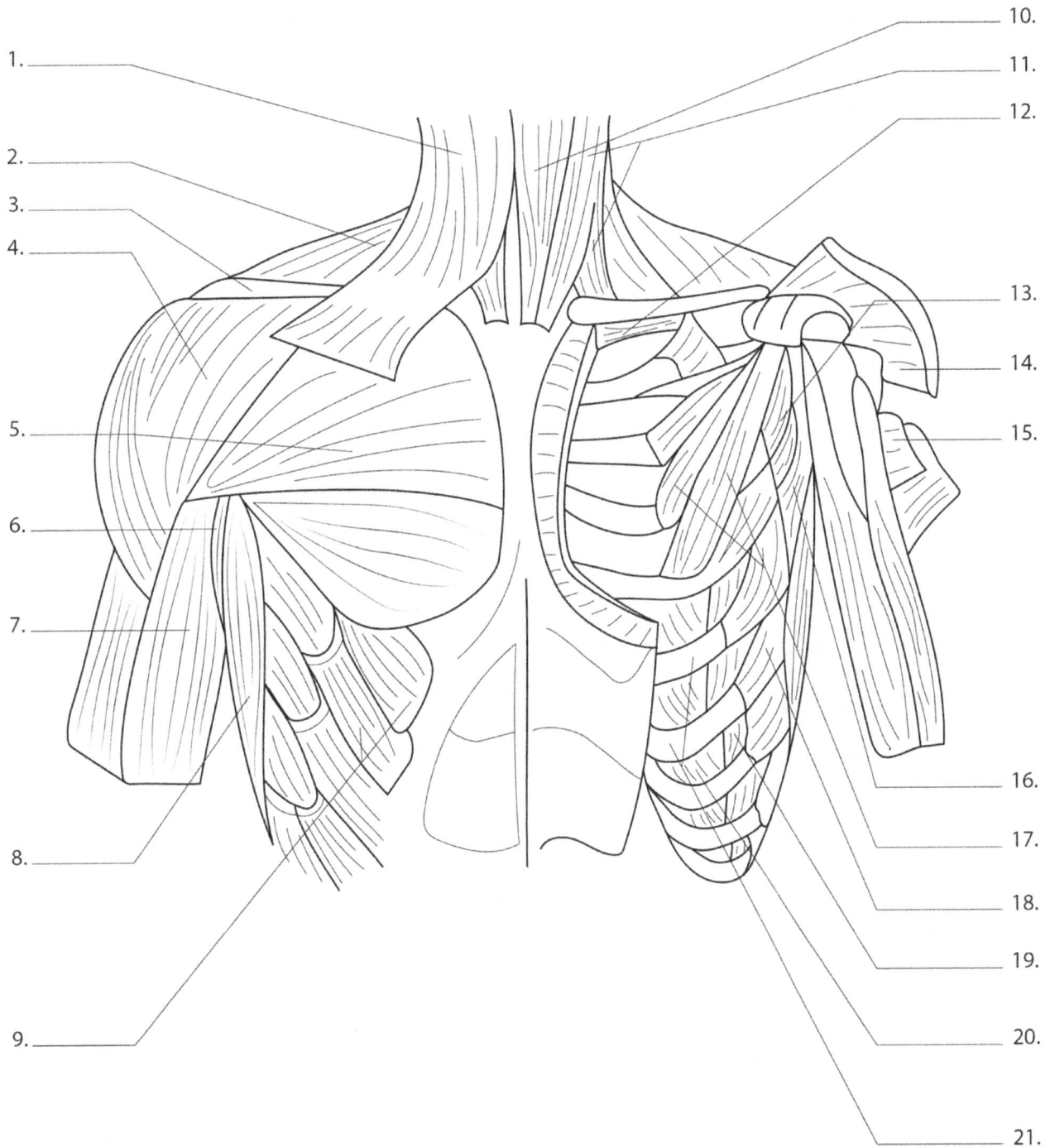

1.

2.

3.

4.

5.

6.

7.

8.

9.

10.

11.

12.

13.

14.

15.

16.

17.

18.

19.

20.

21.

MÚSCULOS DEL PECHO (VISTA FRONTAL)

1. Músculo platysma

2. Trapecio muscular

3. Clavícula muscular

4. Músculo deltoides

5. Músculo pectoral principal

6. Músculo coracobraquial

7. Músculo bíceps braquial

8. Músculo latissimus dorsi

9. Músculo oblicuo abdominal externo

10. Músculo esternocleidohioideo

11. Músculo esternocleidomastoideo

12. Músculo subclavio

13. Músculo deltoides (corte)

14. Músculo subescapular

15. Músculo pectoral principal(corte)

16. Músculo redondo mayor

17. Músculo peitoral menor

18. Músculo serrato anterior

19. Músculo intercostal externo

20. Músculo intercostal interno

21. Costillas

MÚSCULOS DEL PECHO (VISTA TRASERA)

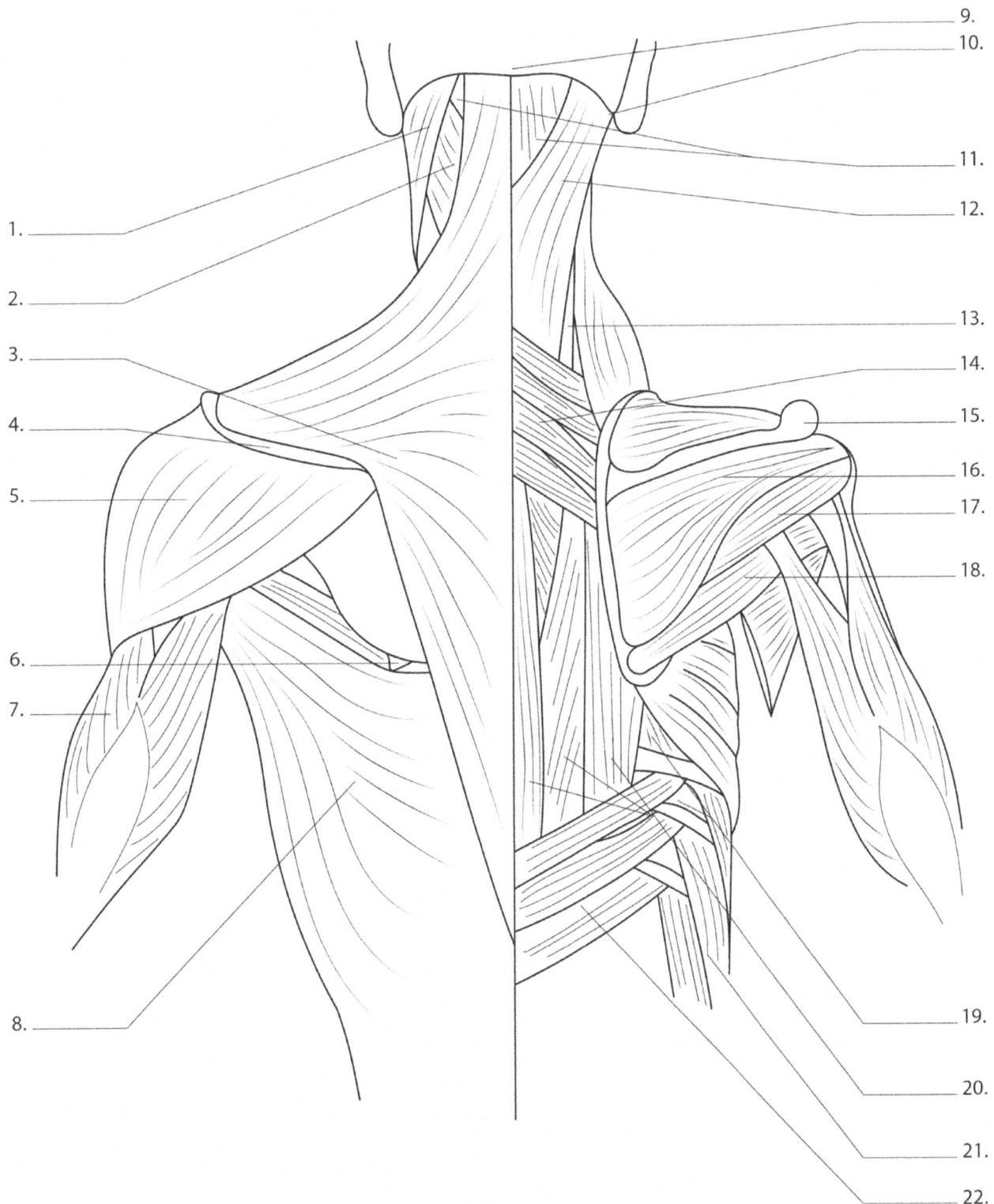

9.
10.
11.
12.
13.
14.
15.
16.
17.
18.
19.
20.
21.
22.

1.
2.
3.
4.
5.
6.
7.
8.

MÚSCULOS DEL PECHO (VISTA TRASERA)

1. Músculo esternocleidomastoideo
2. Músculo esplenio de la cabeza
3. Trapecio muscular
4. Espina de la escápula
5. Músculo deltoides
6. Ángulo inferior de la escápula
7. Músculo tríceps braquial
8. Músculo latissimus dorsi
9. Protuberancia occipital externa
10. Proceso mastoideo del hueso temporal
11. Músculo longissimus capitis
12. Músculo esplenio de la cabeza
13. Músculo esplenio cervicis
14. Músculo serrato posterior superior
15. Proceso acromion de la escápula
16. Músculo infraespinoso
17. Músculo redondo menor
18. Músculo redondo mayor
19. Músculo intercostal externo
20. Músculo erector de la columna grupo)
21. Músculo oblicuo abdominal externo
22. Músculo serrato posterior inferior

HUESOS DEL PECHO (VISTA FRONTAL Y POSTERIOR)

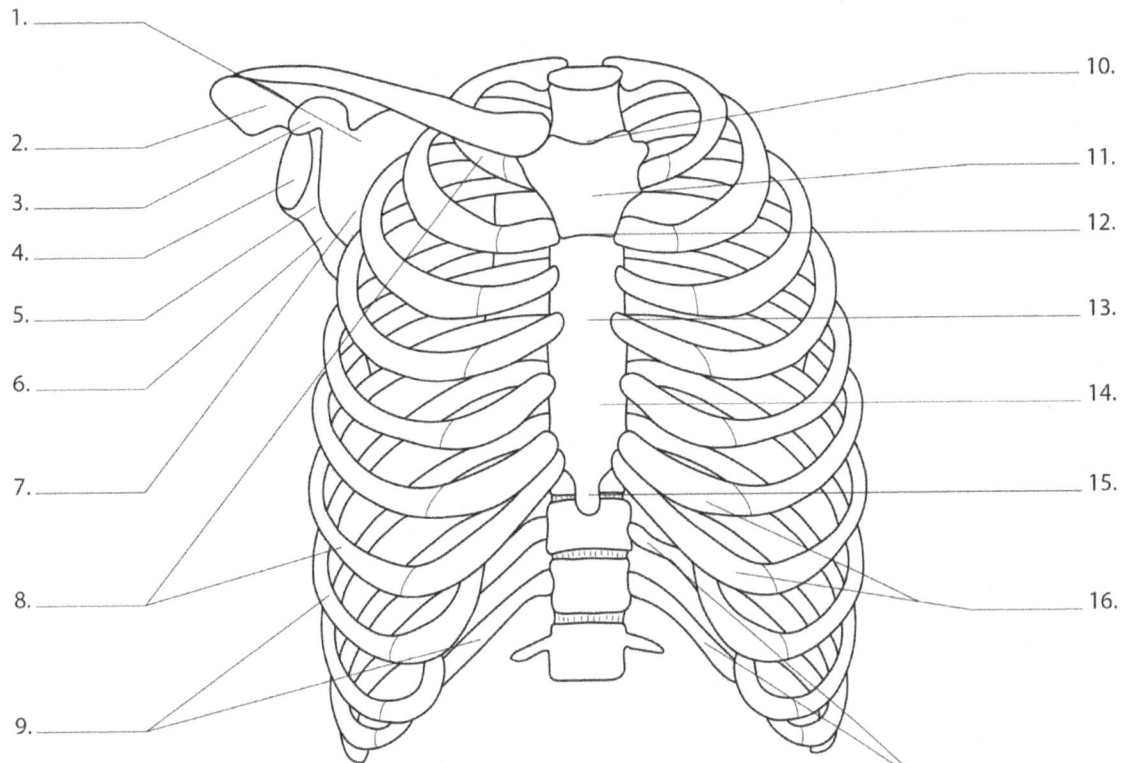

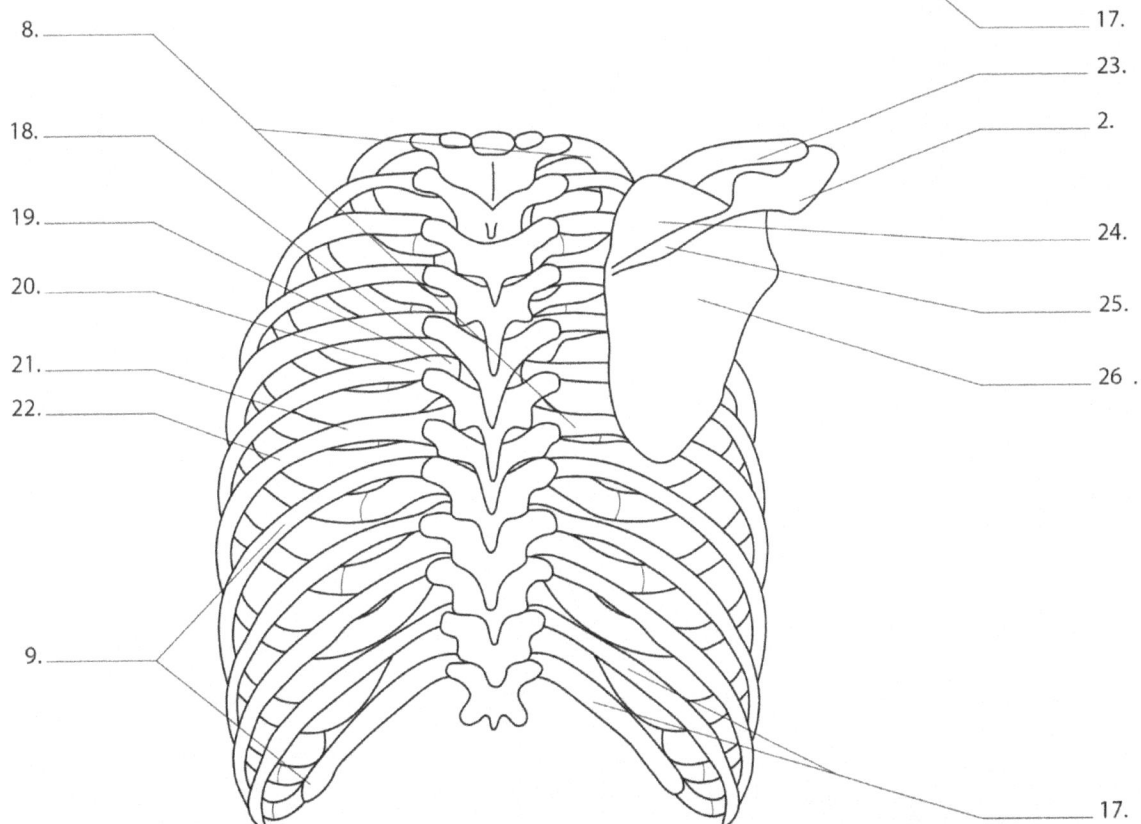

1.
2.
3.
4.
5.
6.
7.
8.
9.

10.
11.
12.
13.
14.
15.
16.
17.

8.
18.
19.
20.
21.
22.
9.

23.
2.
24.
25.
26 .
17.

HUESOS DEL PECHO (VISTA FRONTAL Y POSTERIOR)

1. Burato supraescapular
2. Acromion de escápula
3. Apófisis coracoides de la escápula
4. Cavidad glenoidea de la escápula
5. Cuello de escápula
6. Escápula
7. Fosa subescapular
8. Costillas verdaderas (1-7)
9. Costillas falsas (8-12)
10. Muesca yugular del esternón
11. Manubrio del esternón
12. Ángulo del esternón
13. Cuerpo de esternón
14. Esternón
15. Apófisis xifoides
16. Cartílago costal
17. Costillas flotantes (11-12)
18. Cabeza de costillas
19. Cuello de costillas
20. Tubérculo de costillas
21. Ángulo de costillas
22. Cuerpo de costillas
23. Clavícula
24. Fosa supraespinosa de la escápula
25. Espina de la escápula
26. Fosa infraespinosa de la escápula

ÓRGANOS DE LA CAVIDAD TORÁCICA (VISTA FRONTAL)

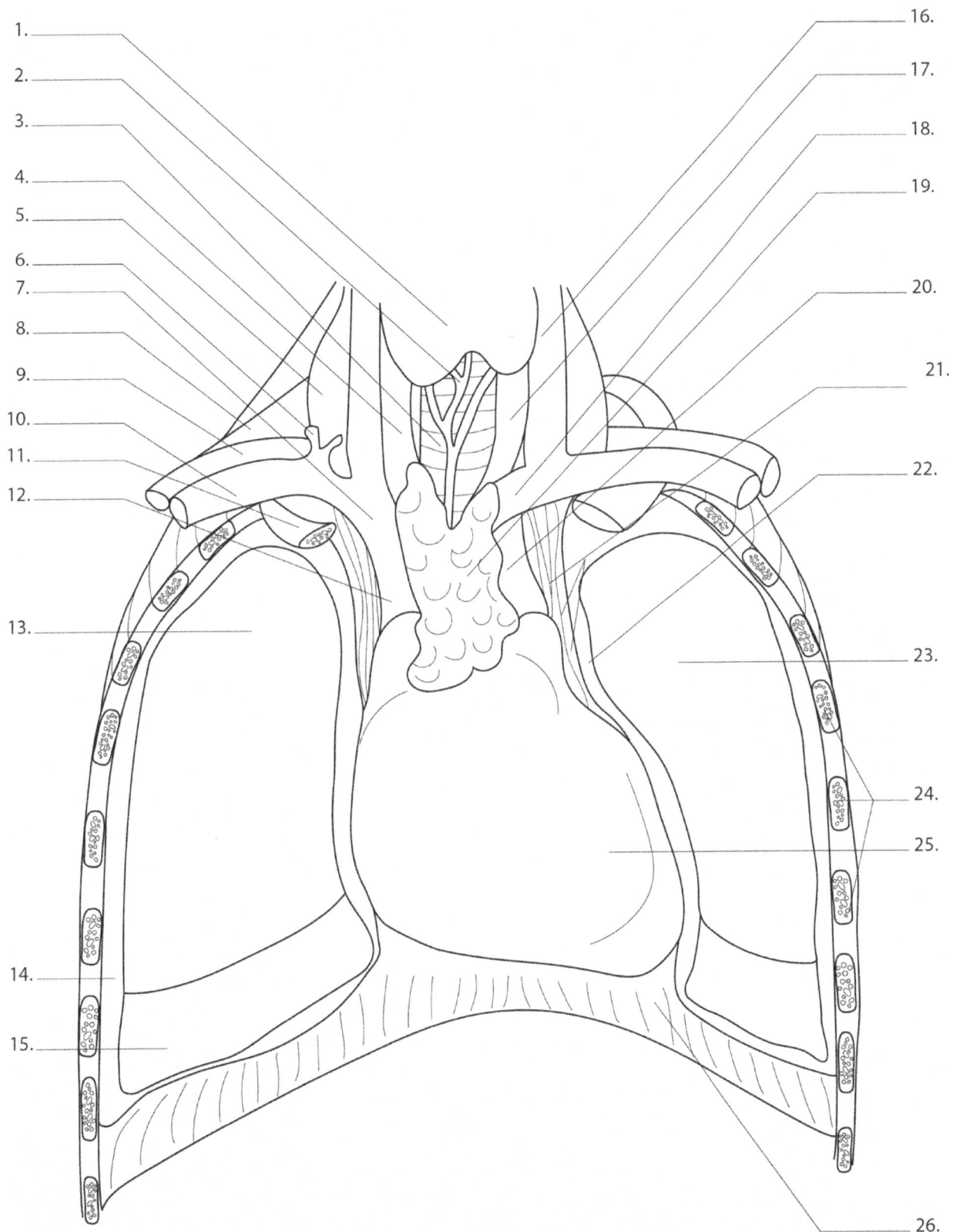

1.

2.

3.

4.

5.

6.

7.

8.

9.

10.

11.

12.

13.

14.

15.

16.

17.

18.

19.

20.

21.

22.

23.

24.

25.

26.

ÓRGANOS DE LA CAVIDAD TORÁCICA (VISTA FRONTAL)

1. Glándula tiroides

2. Vena tiroidea inferior

3. Tráquea

4. Tronco braquiocefálico

5. Músculo escaleno anterior

6. Vena yugular externa

7. Vena braquiocefálica derecha

8. Plexo braquial

9. Arteria subclavia

10. Vena subclavia

11. Primera costilla

12. Vena cava superior

13. Pulmón derecho

14. Parte costal de la pleura parietal

15. Parte diafragmática de la pleura parietal

16. Vena yugular interna

17. Arteria carótida común izquierda

18. Vena braquiocefálica izquierda

19. Glándula timo

20. Arco de aorta

21. Nervio frénico y arteria y vena pericardiacofrénicas

22. Pulmon izquierdo

23. Costillas

24. Corazón

25. Diafragma

PULMONES

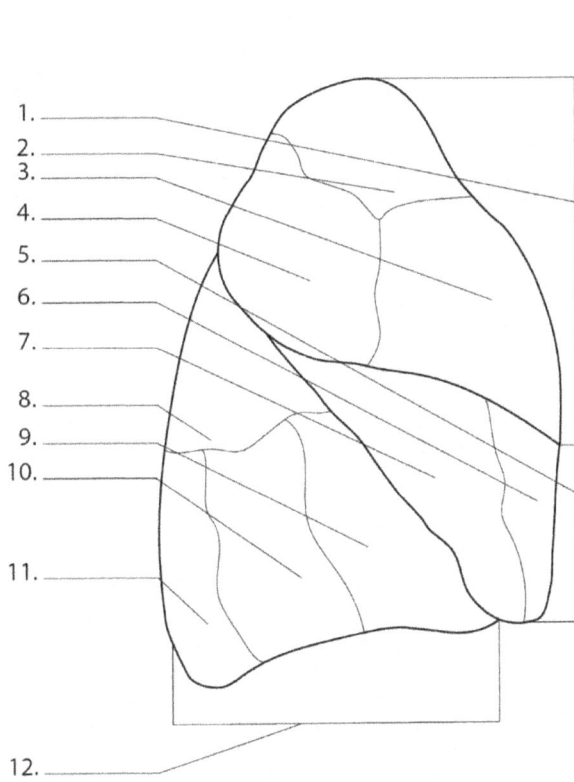
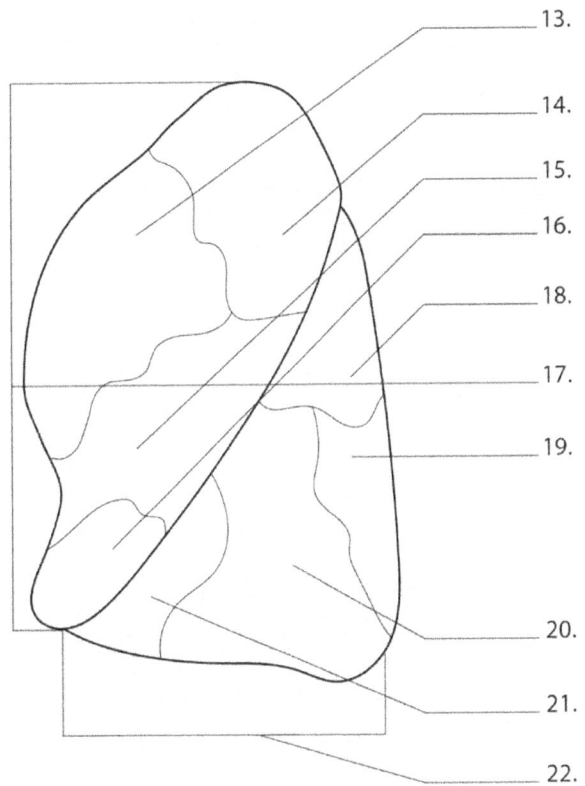

1.
2.
3.
4.
5.
6.
7.
8.
9.
10.

11.

12.

13.
14.
15.
16.
18.
17.

19.

20.

21.

22.

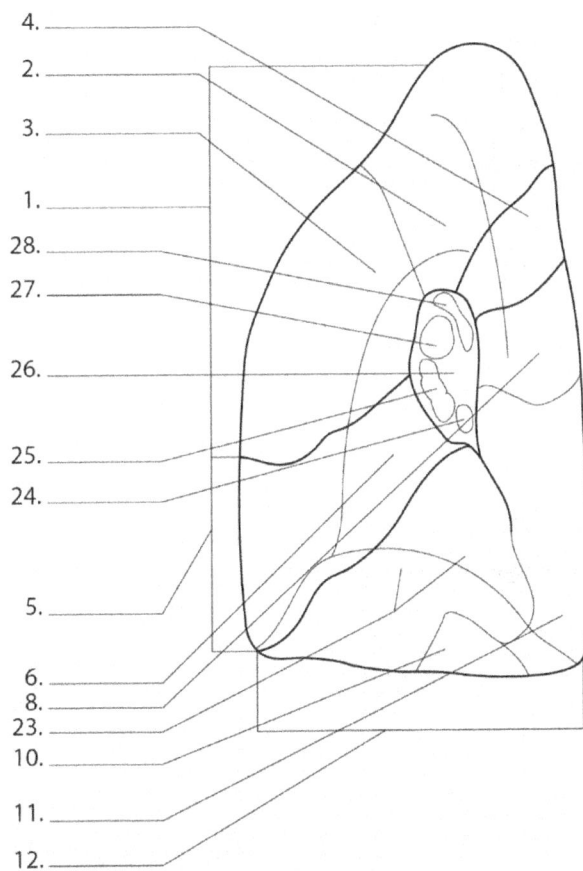
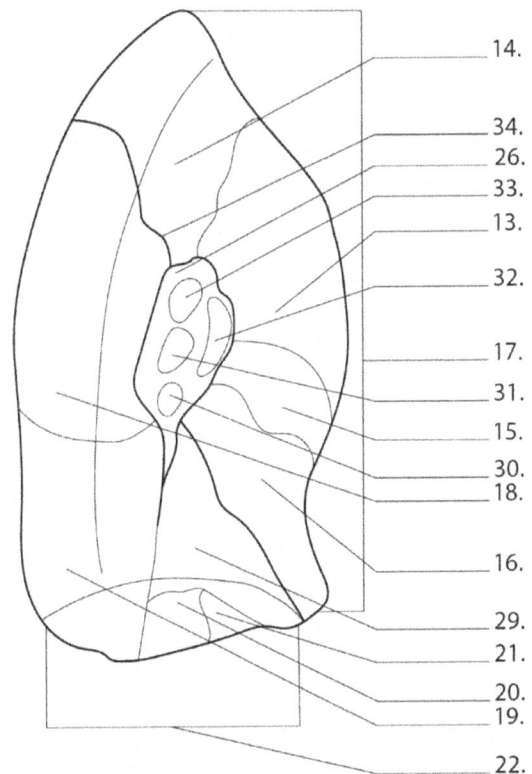

4.
2.
3.
1.
28.
27.

26.

25.
24.

5.

6.
8.
23.
10.

11.

12.

14.

34.
26.
33.
13.

32.

17.
31.
15.
30.
18.

16.

29.
21.
20.
19.

22.

PULMONES

1. Lóbulo superior del pulmón derecho
2. Segmento apical del lóbulo superior del pulmón derecho
3. Segmento anterior del lóbulo superior del pulmón derecho
4. Segmento posterior del lóbulo superior del pulmón derecho
5. Lóbulo medio del pulmón derecho
6. Segmento medial del lóbulo medio del pulmón derecho
7. Segmento lateral del lóbulo medio del pulmón derecho
8. Segmento superior del lóbulo inferior del pulmón derecho
9. Segmento basal anterior del lóbulo inferior del pulmón derecho
10. Segmento basal lateral del lóbulo inferior del pulmón derecho
11. Segmento basal posterior del lóbulo inferior del pulmón derecho
12. Lóbulo inferior del pulmón derecho
13. Segmento anterior del lóbulo superior del pulmón izquierdo
14. Segmento apical-posterior del lóbulo superior del pulmón izquierdo
15. Segmento lingular superior del lóbulo superior del pulmón izquierdo
16. Segmento lingular inferior del lóbulo superior del pulmón izquierdo
17. Lóbulo superior del pulmón izquierdo
18. Segmento superior o lóbulo inferior del pulmón izquierdo
19. Segmento basal posterior o lóbulo inferior del pulmón izquierdo
20. Segmento basal lateral o lóbulo inferior del pulmón izquierdo
21. Segmento basal anterior o lóbulo inferior del pulmón izquierdo
22. Lóbulo inferior del pulmón izquierdo
23. Segmento basal medial del lóbulo inferior del pulmón derecho
24. Vena pulmonar inferior derecha
25. Vena pulmonar superior derecha
26. Hilio
27. Arteria pulmonar derecha
28. Bronquios superiores derechos del pulmón derecho
29. Segmento basal medial anterior del lóbulo inferior del pulmón izquierdo
30. Vena pulmonar inferior del pulmón izquierdo
31. Ramas bronquiales del pulmón izquierdo
32. Vena pulmonar superior izquierda
33. Arteria pulmonar izquierda
34. Fisura oblicua

CORAZÓN (VISTA DIAFRAGMÁTICA)

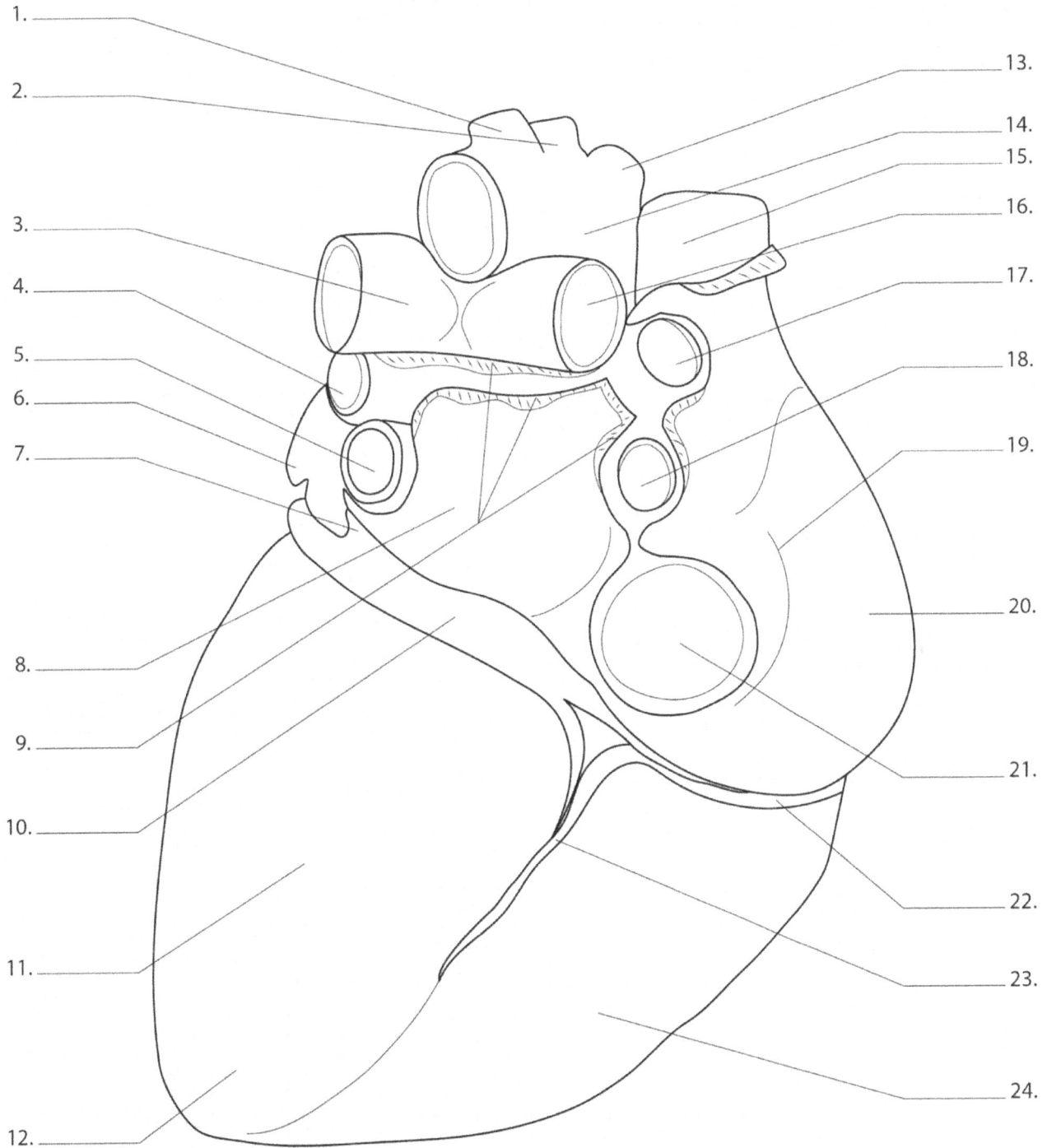

1. _____

2. _____

3. _____

4. _____

5. _____

6. _____

7. _____

8. _____

9. _____

10. _____

11. _____

12. _____

13. _____

14. _____

15. _____

16. _____

17. _____

18. _____

19. _____

20. _____

21. _____

22. _____

23. _____

24. _____

CORAZÓN (VISTA DIAFRAGMÁTICA)

1. Arteria subclavia izquierda
2. Arteria carótida común izquierda
3. Arteria pulmonar izquierda
4. Vena pulmonar superior izquierda
5. Vena pulmonar inferior izquierda
6. Aurícula izquierda
7. Vena oblicua de la aurícula izquierda
8. Aurícula izquierda
9. Reflexión del pericardio
10. Seno coronario
11. Ventrículo izquierdo
12. Apéndice
13. Tronco braquiocefálico
14. Arco de aorta
15. Vena cava superior
16. Arteria pulmonar derecha
17. Vena pulmonar superior derecha
18. Vena pulmonar inferior derecha
19. Sulcus terminalis cordis
20. Aurícula derecha
21. Vena cava inferior
22. Surco coronario
23. Surco interventricular posterior (rama de la arteria coronaria y la vena cardíaca media)
24. Ventrículo derecho

INTERSECCIÓN DEL CORAZÓN

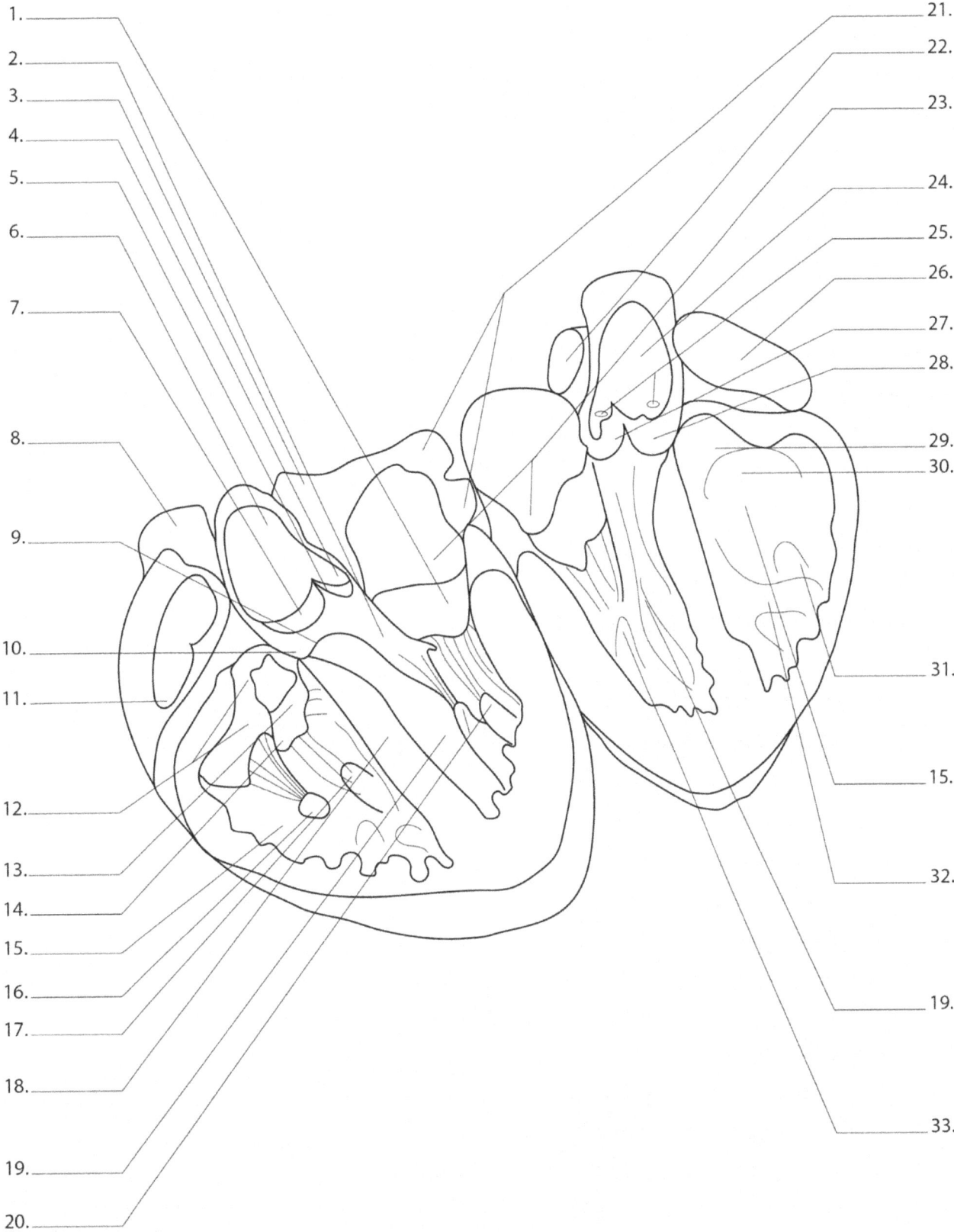

1. _____
2. _____
3. _____
4. _____
5. _____
6. _____
7. _____
8. _____
9. _____
10. _____
11. _____
12. _____
13. _____
14. _____
15. _____
16. _____
17. _____
18. _____
19. _____
20. _____

21. _____
22. _____
23. _____
24. _____
25. _____
26. _____
27. _____
28. _____
29. _____
30. _____
31. _____
15. _____
32. _____
19. _____
33. _____

INTERSECCIÓN DEL CORAZÓN

1. Cúspide posterior de la válvula mitral
2. Cúspide anterior de la válvula mitral
3. Vena pulmonar superior derecha
4. Seno aórtico (Valsalva)
5. Cúspide semilunar izquierda de la válvula aórtica
6. La aorta ascendente
7. Cúspide semilunar posterior de la válvula aórtica
8. Vena cava superior
9. Parte auriculoventricular del tabique membranoso
10. Parte interventricular del tabique membranoso
11. Aurícula derecha
12. Cúspide anterior de la válvula tricúspide
13. Cúspide septal de la válvula tricúspide
14. Cúspide posterior de la válvula tricúspide
15. Ventrículo derecho
16. Músculo papilar anterior derecho
17. Músculo papilar posterior derecho
18. Parte muscular del tabique intraventricular
19. Ventrículo izquierdo
20. Músculo papilar posterior izquierdo
21. Venas pulmonares izquierdas
22. Tronco pulmonar
23. Aurícula izquierda
24. La aorta ascendente
25. Apertura de arterias coronarias
26. Aurícula derecha
27. Cúspide semilunar izquierda de la válvula aórtica
28. Cúspide semilunar derecha de la válvula aórtica
29. Crista supraventricularis
30. Flujo de salida al tronco pulmonar
31. Músculo papilar anterior derecho
32. Banda moderadora de trabécula septomarginal
33. Músculo papilar anterior izquierdo

MÚSCULOS DE LA PARED ABDOMINAL ANTERIOR

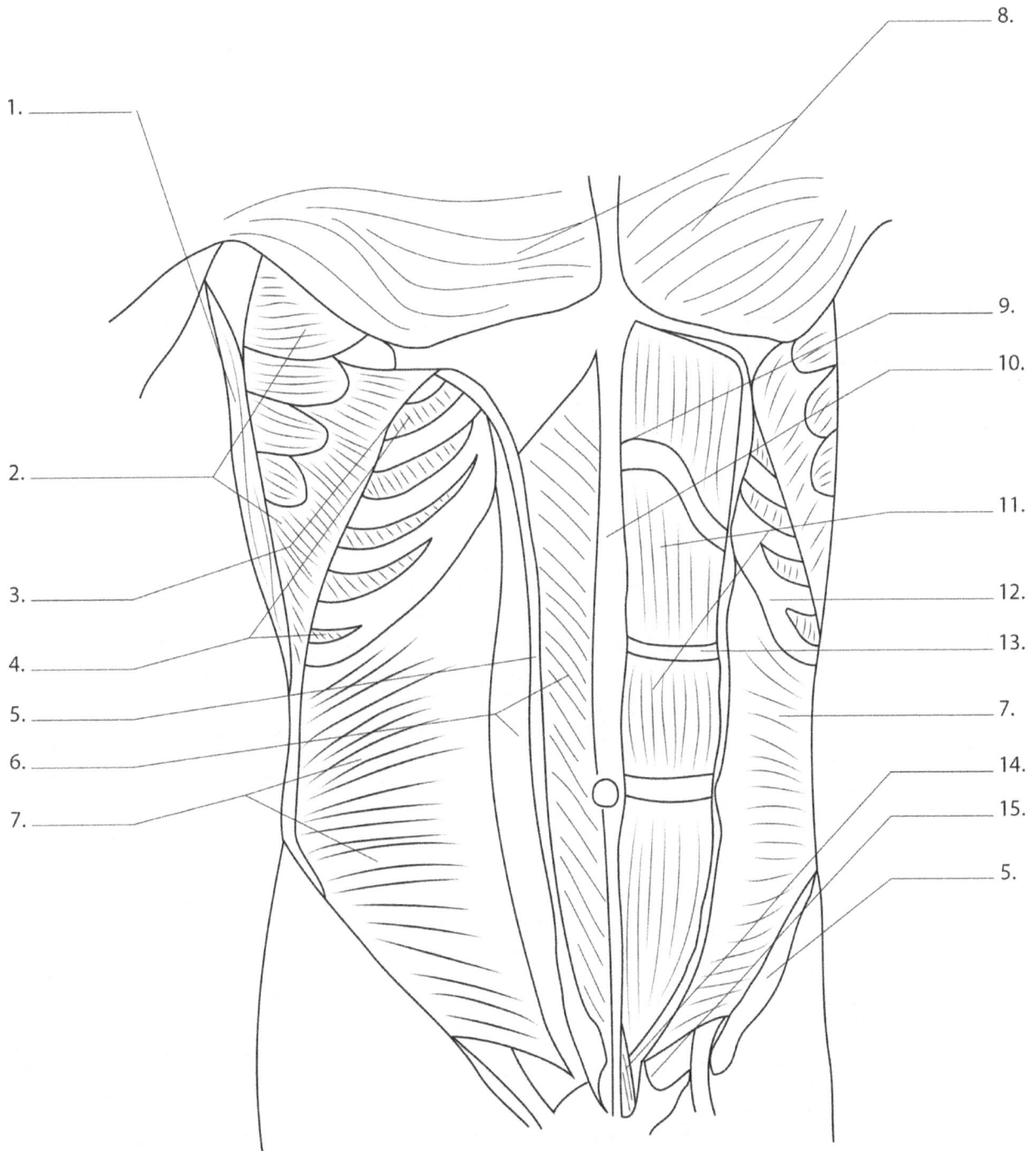

1.

2.

3.

4.

5.

6.

7.

8.

9.

10.

11.

12.

13.

7.

14.

15.

5.

MÚSCULOS DE LA PARED ABDOMINAL ANTERIOR

1. Músculo latissimus dorsi
2. Músculo serrato anterior
3. Músculo oblicuo abdominal externo
4. Músculo intercostal externo
5. Aponeurosis oblicua externa
6. Vaina subrectal
7. Músculo oblicuo abdominal interno
8. Músculo pectoral principal
9. Capa anterior de la vaina del recto
10. Línea alba
11. Músculo recto abdominal
12. Costillas
13. Intersección tendinosa
14. Músculo piramidal
15. Ligamento pectineal

MÚSCULOS DE LA ESPALDA

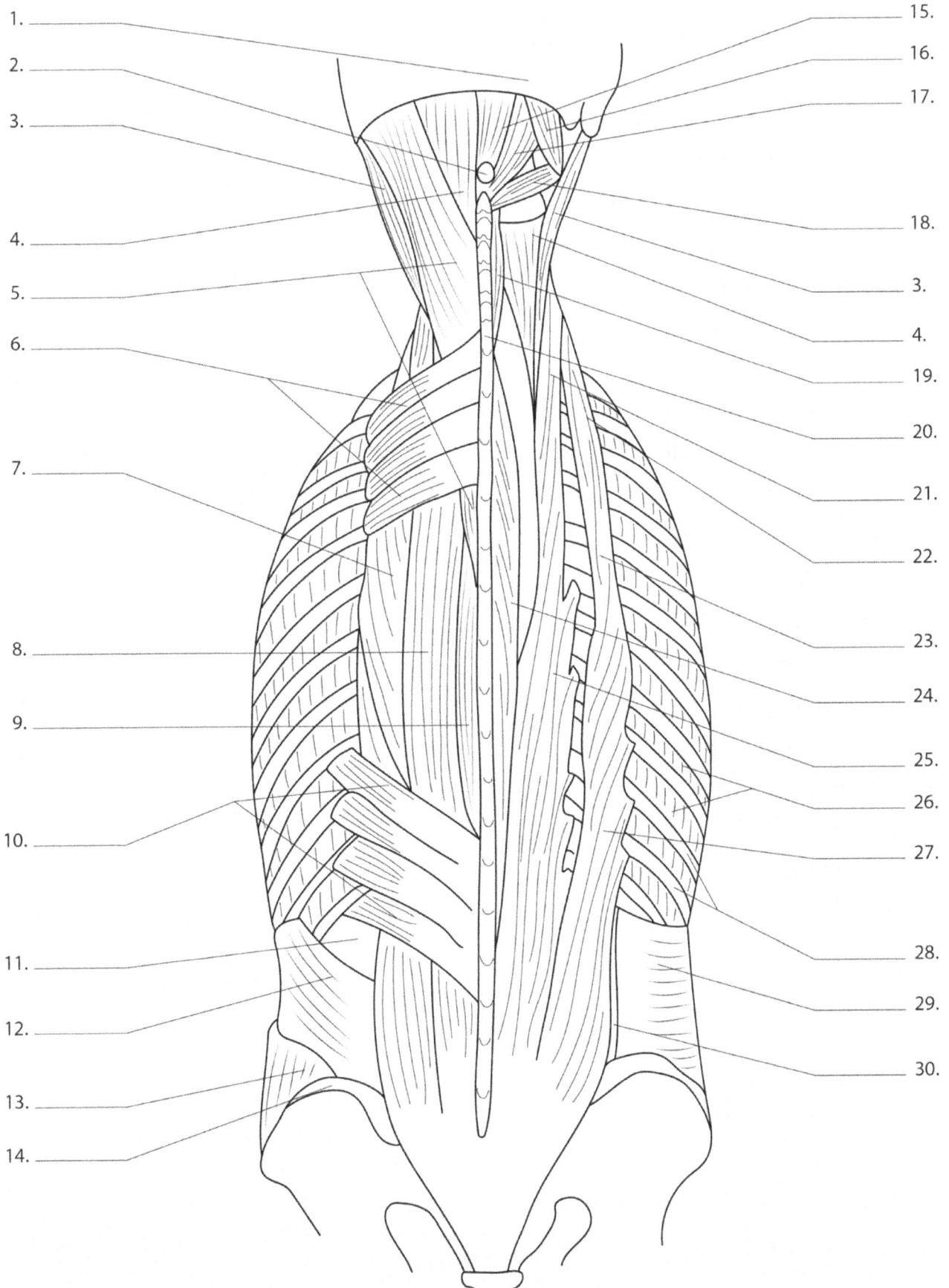

1. _____
2. _____
3. _____
4. _____
5. _____
6. _____
7. _____
8. _____
9. _____
10. _____
11. _____
12. _____
13. _____
14. _____

15. _____
16. _____
17. _____
18. _____
3. _____
4. _____
19. _____
20. _____
21. _____
22. _____
23. _____
24. _____
25. _____
26. _____
27. _____
28. _____
29. _____
30. _____

MÚSCULOS DE LA ESPALDA

1. Línea nucal superior del cráneo
2. Tubérculo posterior del atlas (C1)
3. Músculo longissimus capitis
4. Músculo longissimus capitis
5. Músculo esplenio de la cabeza y esplenio cervicis
6. Músculo serrato posterior superior
7. Músculo iliocostal
8. Músculo longissimus
9. Músculo espinal
10. Músculo serrato posterior inferior
11. Músculo transverso del abdomen
12. Músculo oblicuo interno
13. Músculo oblicuo externo
14. Cresta ilíaca
15. Músculo recto capitis posterior menor
16. Músculo obliquus capitis superior
17. Músculo recto capitis posterior mayor
18. Capitis muscular oblicua inferior
19. Músculo espinal cervicis
20. Médula espinal
21. Músculo longissimus cervicis
22. Músculo iliocostalis cervicis
23. Músculo iliocostalis thoracis
24. Músculo spinalis thoracis
25. Músculo longissimus thoracis
26. Músculo intercostal externo
27. Músculo iliocostalis lumborum
28. Costillas
29. Músculo transverso del abdomen
30. Fascia toracolumbar

ÓRGANOS DE LA CAVIDAD ABDOMINAL

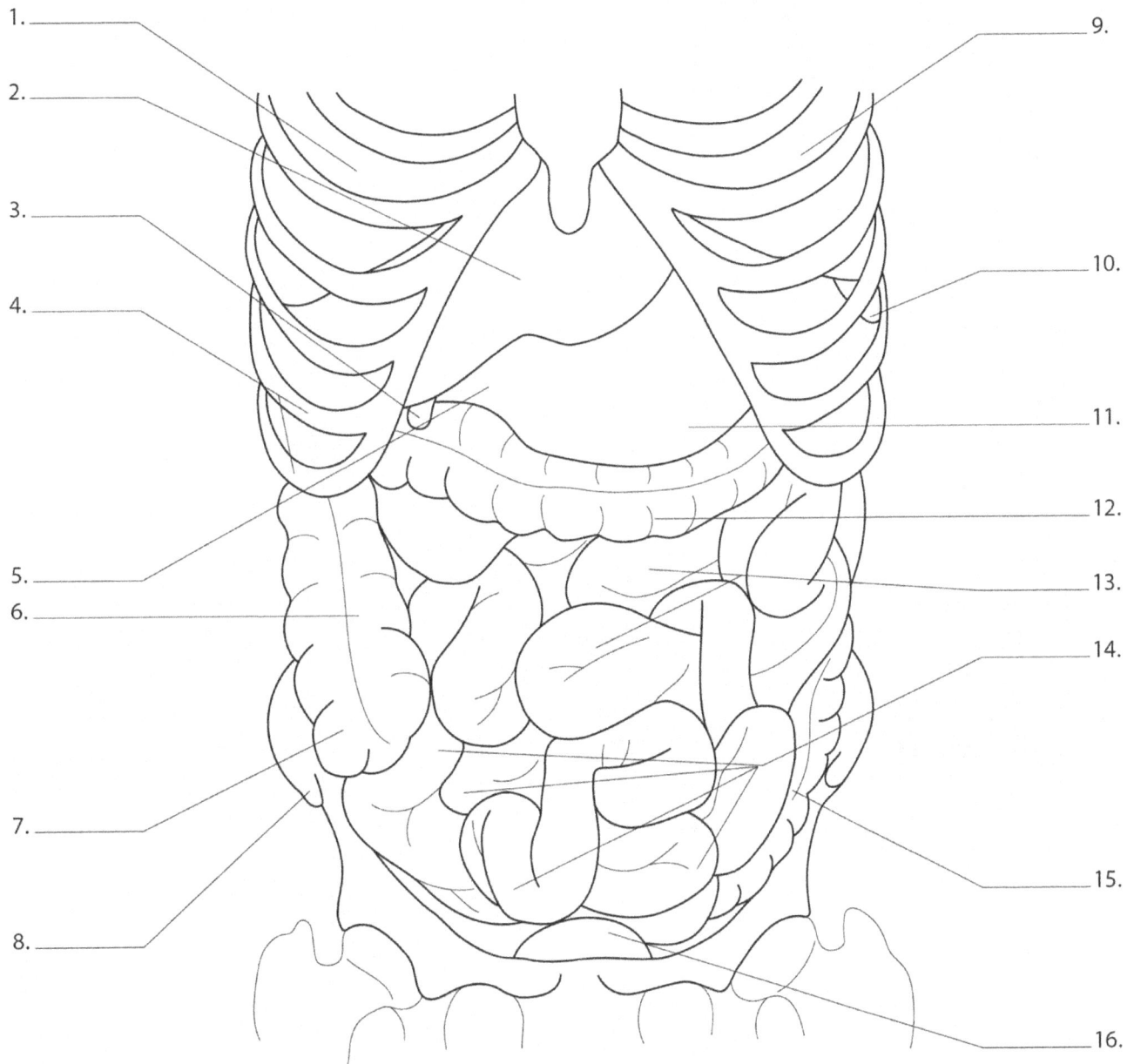

1.

2.

3.

4.

5.

6.

7.

8.

9.

10.

11.

12.

13.

14.

15.

16.

ÓRGANOS DE LA CAVIDAD ABDOMINAL

1. Pulmón derecho
2. Hígado
3. Fondo de vesícula biliar
4. Costillas
5. Píloro
6. Colon ascendente
7. Intestino ciego
8. Espina ilíaca anterior superior
9. Pulmon izquierdo
10. Bazo
11. Cuerpo de estómago
12. Colon transverso
13. Yeyuno
14. Íleon
15. Colon descendente
16. Vejiga urinaria

ÓRGANOS DE LA CAVIDAD ABDOMINAL RETROPERITONEAL

1.
2.
3.
4.
5.
6.
7.
8.
9.
10.
11.

12.
13.
14.
15.
16.
17.
18.
19.
20.
21.
22.

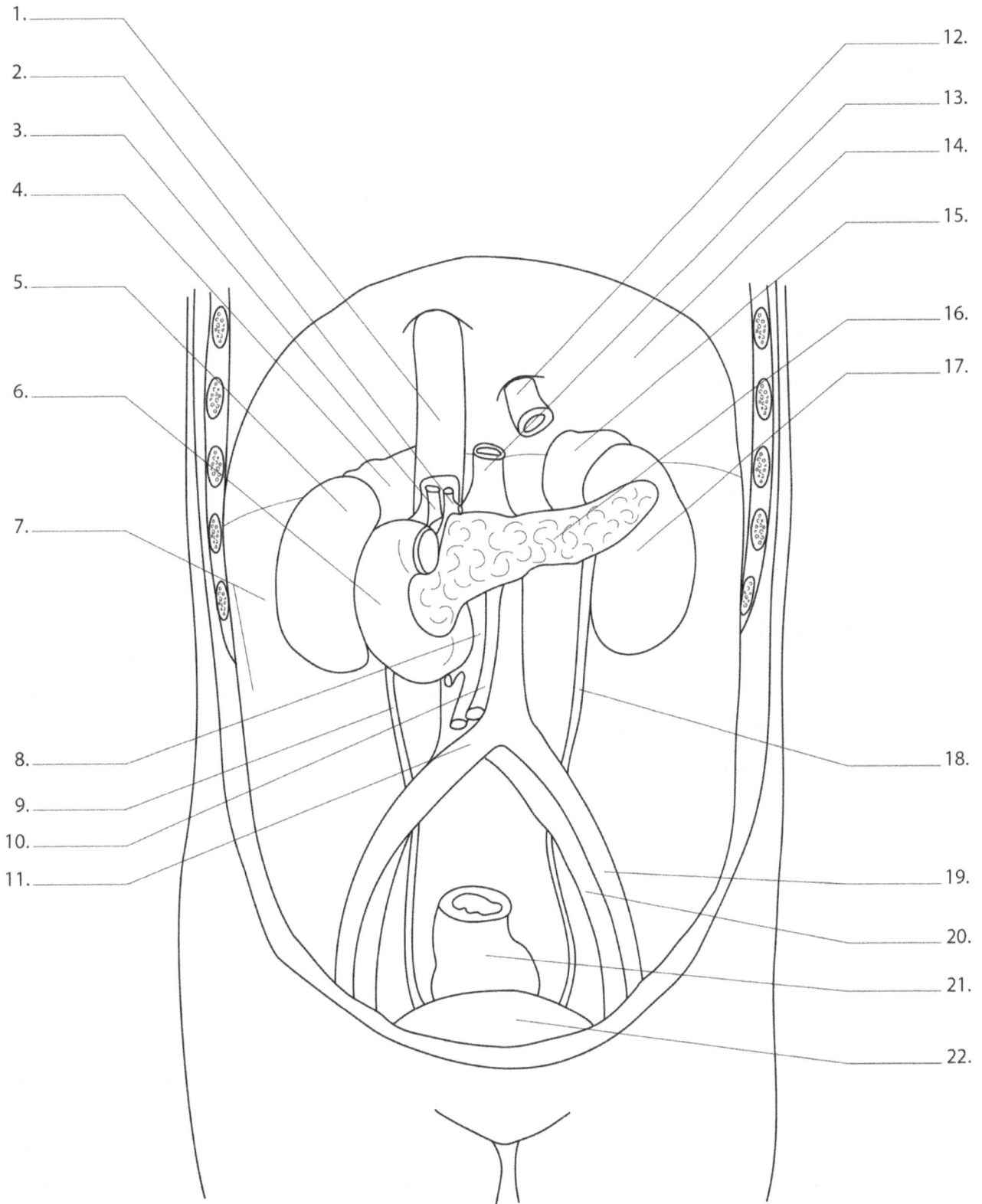

ÓRGANOS DE LA CAVIDAD ABDOMINAL RETROPERITONEAL

1. Vena cava inferior

2. Arteria hepática propia

3. Conducto biliar común

4. Glándula suprarrenal derecha

5. Riñón derecho

6. Duodeno

7. Peritoneo parietal

8. Vena mesentérica superior

9. Uréter derecho

10. Arteria mesentérica superior

11. Arteria iliaca común

12. Esófago

13. Aorta abdominal

14. Diafragma

15. Glándula suprarrenal izquierda

16. Páncreas

17. Riñón izquierdo

18. Uréter izquierdo

19. Arteria iliaca externa

20. Vena iliaca externa

21. Recto

22. Vejiga urinaria

RIÑÓN

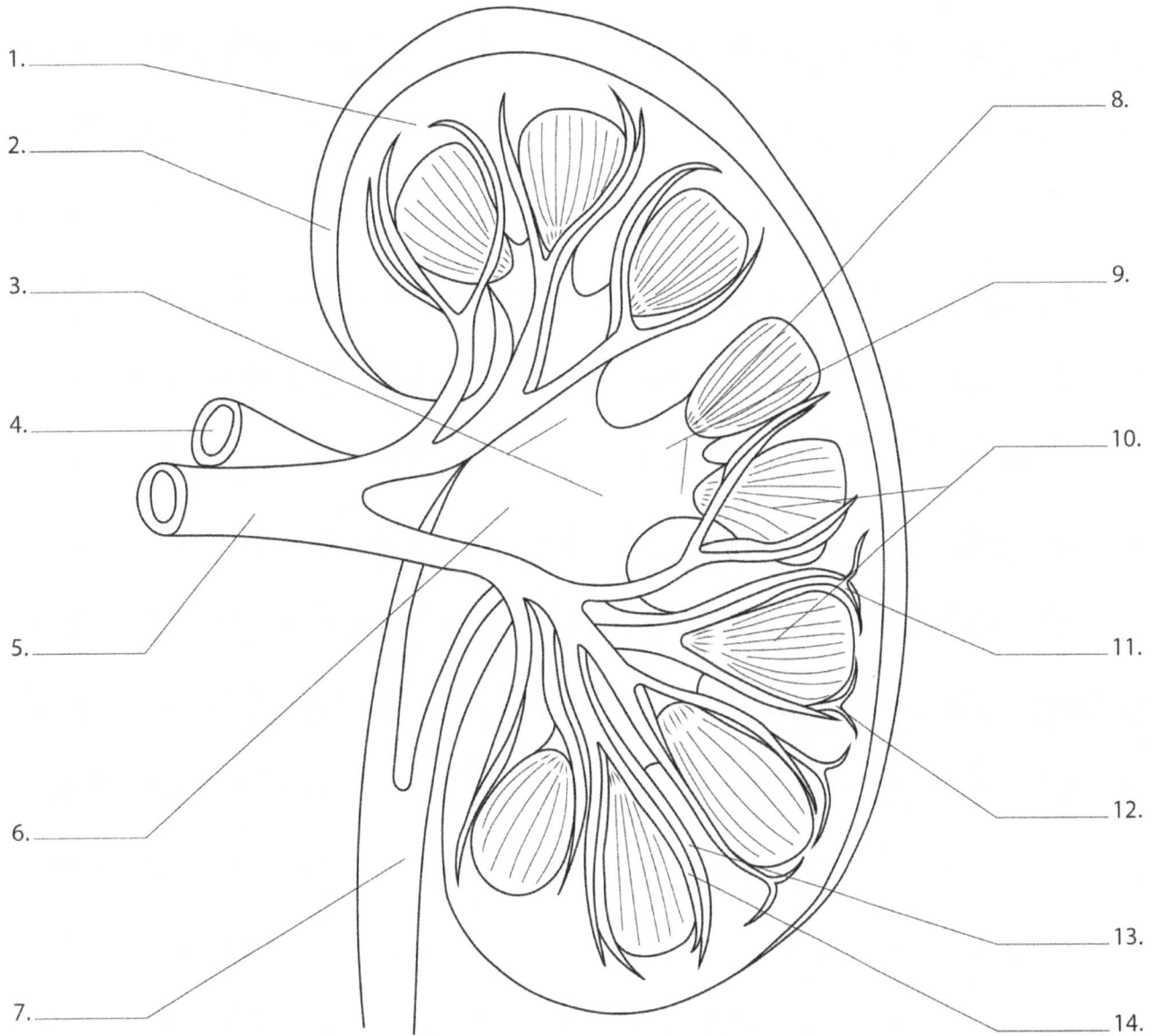

1.

2.

3.

4.

5.

6.

7.

8.

9.

10.

11.

12.

13.

14.

RIÑÓN

1. Corteza
2. Cápsula fibrosa
3. Cálices mayores
4. Arteria renal
5. Vena renal
6. Pelvis renal
7. Uréter
8. Papila renal
9. Cálices menores
10. Médula (pirámides renales)
11. Venas arciformes del riñón
12. Arteria arcuata
13. Arterias interlobulares del riñón
14. Vena interlobulillar

HUESOS DE LA PELVIS

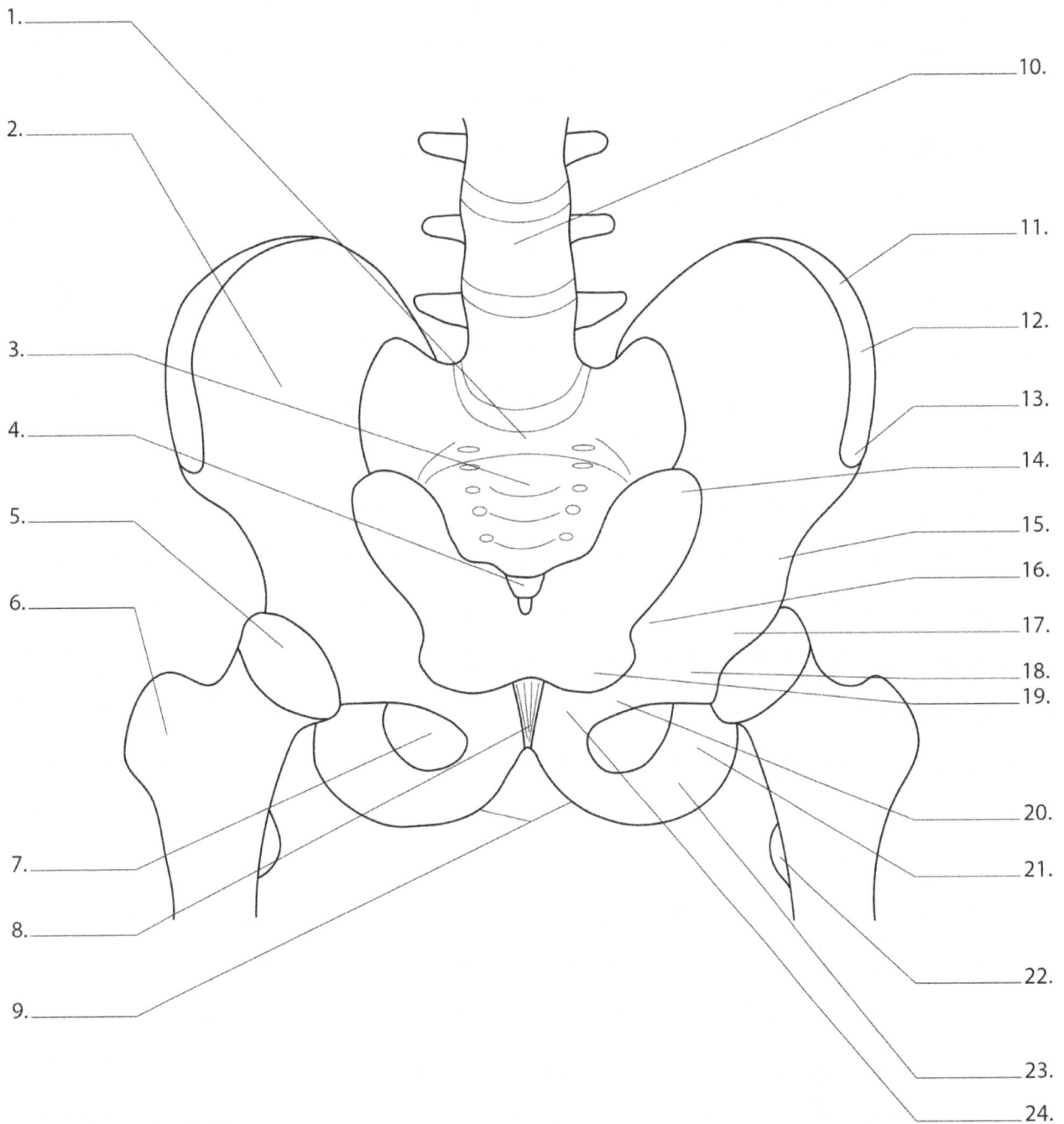

1.
2.
3.
4.
5.
6.
7.
8.
9.

10.
11.
12.
13.
14.
15.
16.
17.
18.
19.
20.
21.
22.
23.
24.

HUESOS DE LA PELVIS

1. Promontorio sacro
2. Ala de ilion
3. Sacro
4. Coxis
5. Cartílago articular
6. Trocánter mayor de fémur
7. Foramen obturador
8. Sínfisis púbica
9. Arco púbico
10. Vértebra lumbar
11. Cresta ilíaca
12. Tubérculo de la cresta ilíaca
13. Espina ilíaca anterior superior
14. Muesca ciática mayor
15. Espina ilíaca anterior inferior
16. Espina ciática
17. Eminencia iliopúbica
18. Línea pectineal
19. Muesca ciática menor
20. Rama púbica superior
21. Tuberosidad isquiática
22. Trocánter menor del fémur
23. Rama púbica inferior
24. Tubérculo púbico

MÚSCULOS DE LA PELVIS FEMENINA

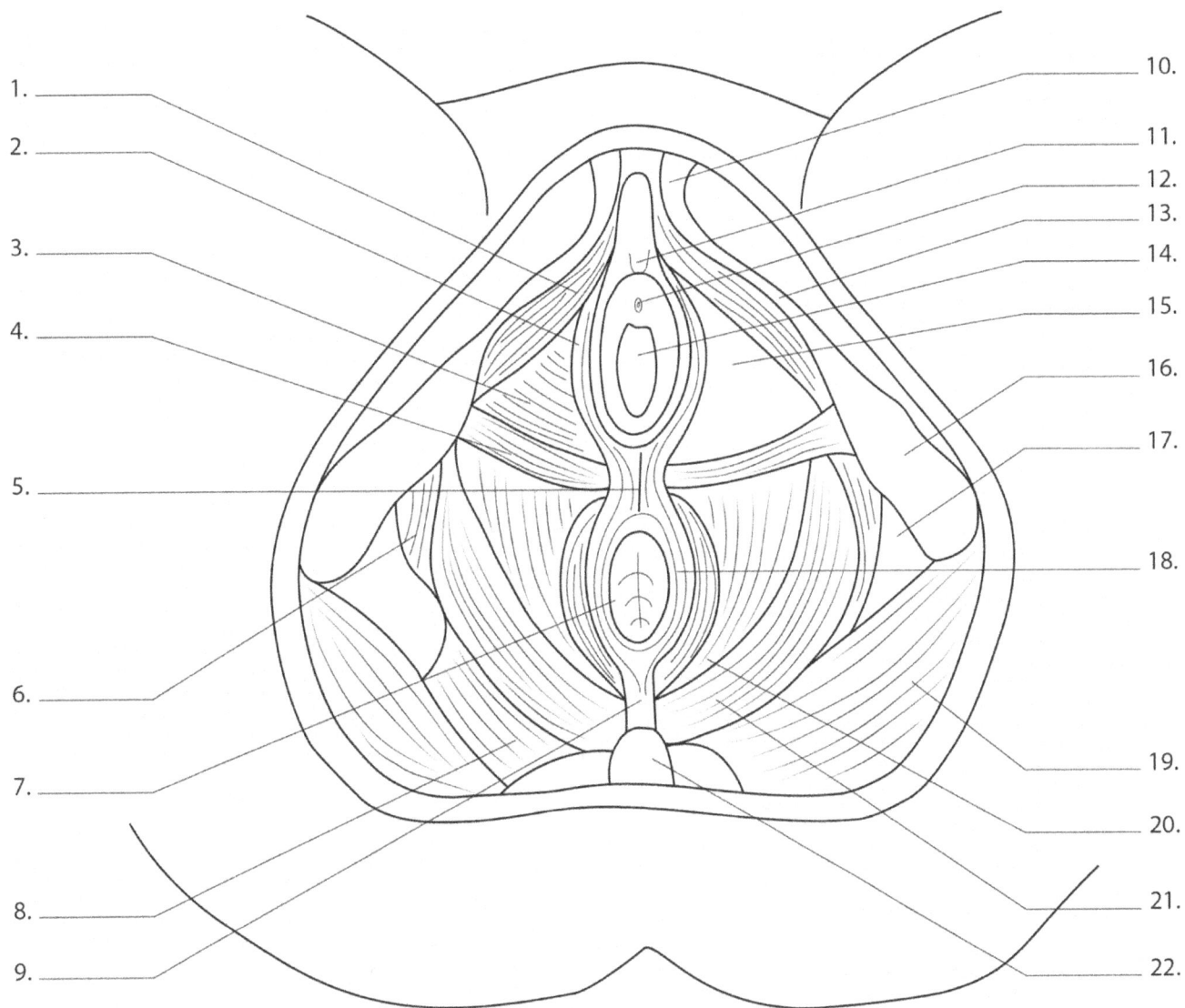

1. _____

2. _____

3. _____

4. _____

5. _____

6. _____

7. _____

8. _____

9. _____

10. _____

11. _____

12. _____

13. _____

14. _____

15. _____

16. _____

17. _____

18. _____

19. _____

20. _____

21. _____

22. _____

MÚSCULOS DE LA PELVIS FEMENINA

1. Músculo isquiocavernoso
2. Músculo bulboesponjoso
3. Músculo perineal transversal superficial
4. Músculo perineal transversal superficial
5. Tendón central del perineo
6. Músculo obturador interno
7. Ano
8. Músculo coccígeo
9. Ligamento anococcígeo
10. Rama púbica inferior
11. Clítoris
12. Uretra
13. Rama isquiopúbica
14. Vagina
15. Membrana perineal
16. Tuberosidades isquiáticas
17. Ligamento sacrotuberoso
18. Esfínter anal externo
19. Músculo glúteo mayor
20. Pubococcígeo muscular
21. Músculo iliococcígeo
22. Coxis

MÚSCULO DE LA PELVIS MASCULINA

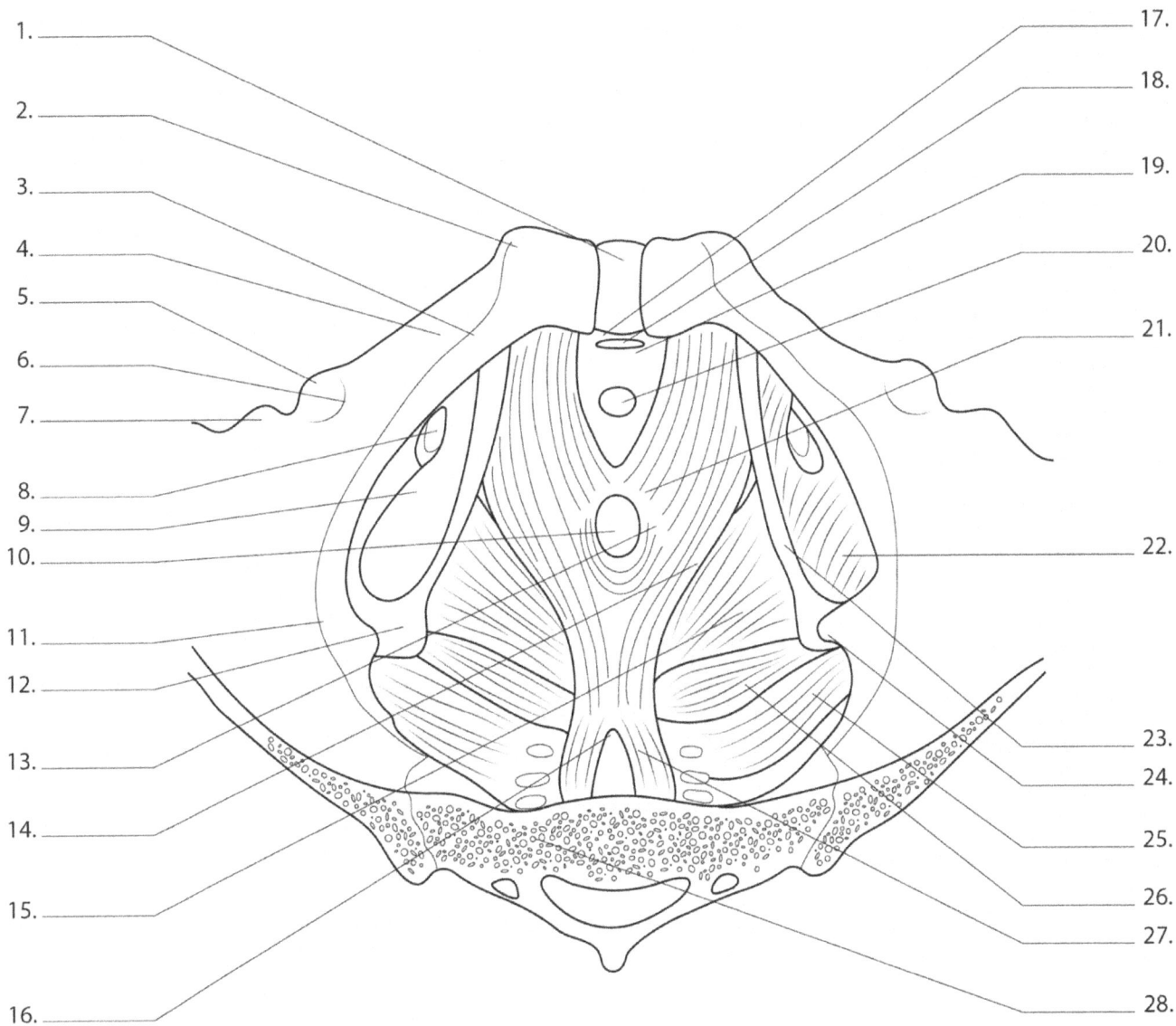

1. _____
2. _____
3. _____
4. _____
5. _____
6. _____
7. _____
8. _____
9. _____
10. _____
11. _____
12. _____
13. _____
14. _____
15. _____
16. _____

17. _____
18. _____
19. _____
20. _____
21. _____
22. _____
23. _____
24. _____
25. _____
26. _____
27. _____
28. _____

MÚSCULO DE LA PELVIS MASCULINA

1. Sínfisis púbica
2. Cresta púbica
3. Pecten pubis
4. Rama superior del pubis
5. Borde del acetábulo
6. Eminencia iliopúbica
7. Espina ilíaca anterior inferior
8. Canal obturador
9. Fascia del obturador
10. Hiato anorrectal
11. Línea arcuata (parte ilíaca de la línea iliopectínea)
12. Espina ciática
13. Músculo puborrectal
14. Músculo pubococcígeo
15. Músculo iliococcígeo
16. Coxis
17. Ligamento púbico inferior
18. Venas dorsales superficiales del pene
19. Ligamento perineal transversal
20. Hiato para uretra
21. Fibras musculares del elevador del ano
22. Músculo obturador interno
23. Arco tendinoso del músculo elevador del ano
24. Espina ciática
25. Músculo piriforme
26. Coccígeo muscular
27. Ligamento sacrococcígeo anterior
28. Sacro

MÚSCULOS DE LA PELVIS FEMENINA

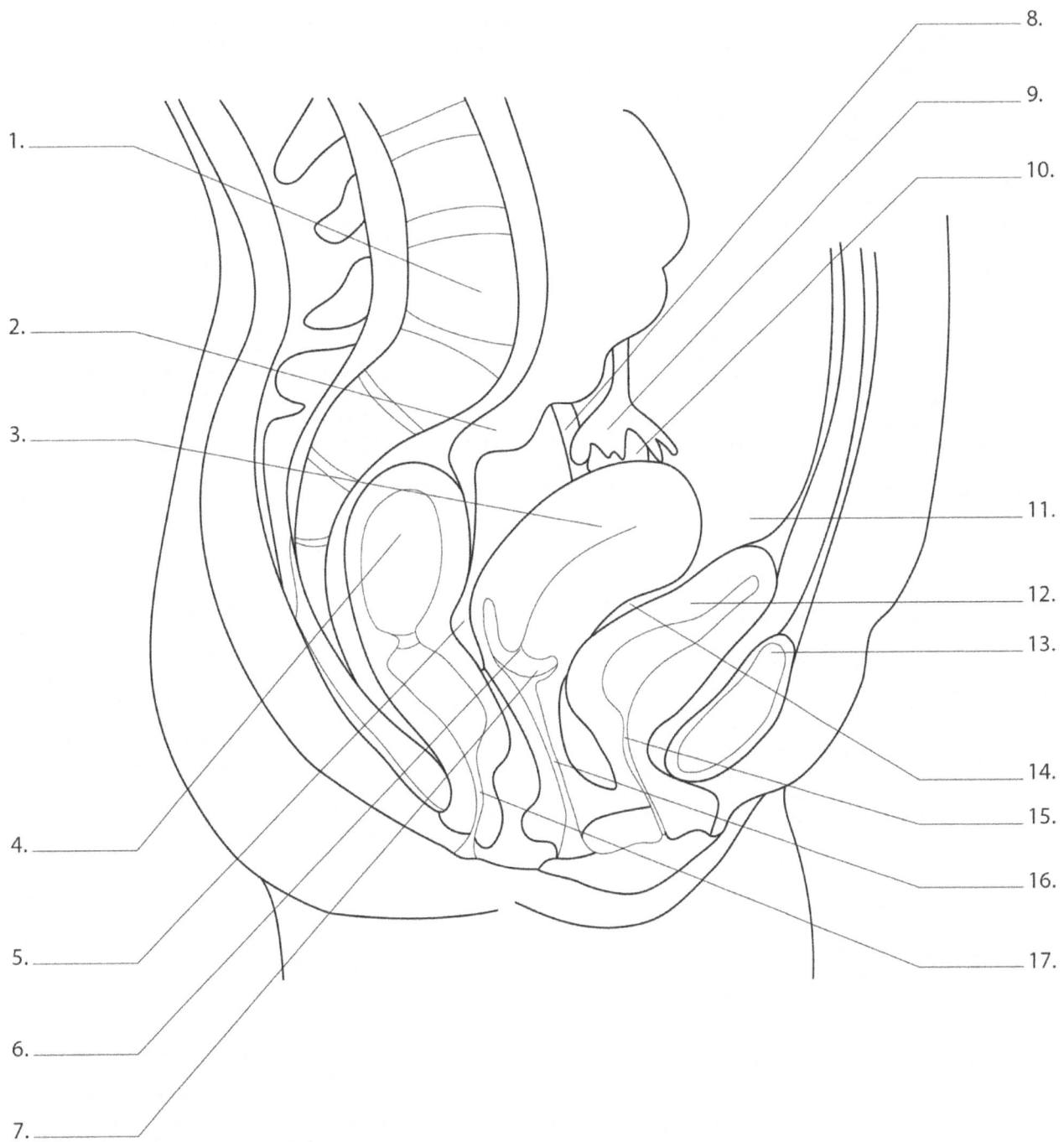

1.

2.

3.

4.

5.

6.

7.

8.

9.

10.

11.

12.

13.

14.

15.

16.

17.

MÚSCULOS DE LA PELVIS FEMENINA

1. Columna vertebral
2. Columna sigmoidea
3. Útero
4. Recto
5. Fondo de saco de Douglas
6. Cuello uterino
7. Cúpula vaginal
8. Uréter
9. Trompa de Falopio
10. Ovario
11. Peritoneo
12. Vejiga
13. Sínfisis del pubis
14. Saco vesico-uterino
15. Uretra
16. Vagina
17. Ano

ÓRGANOS DE LA PELVIS MASCULINA

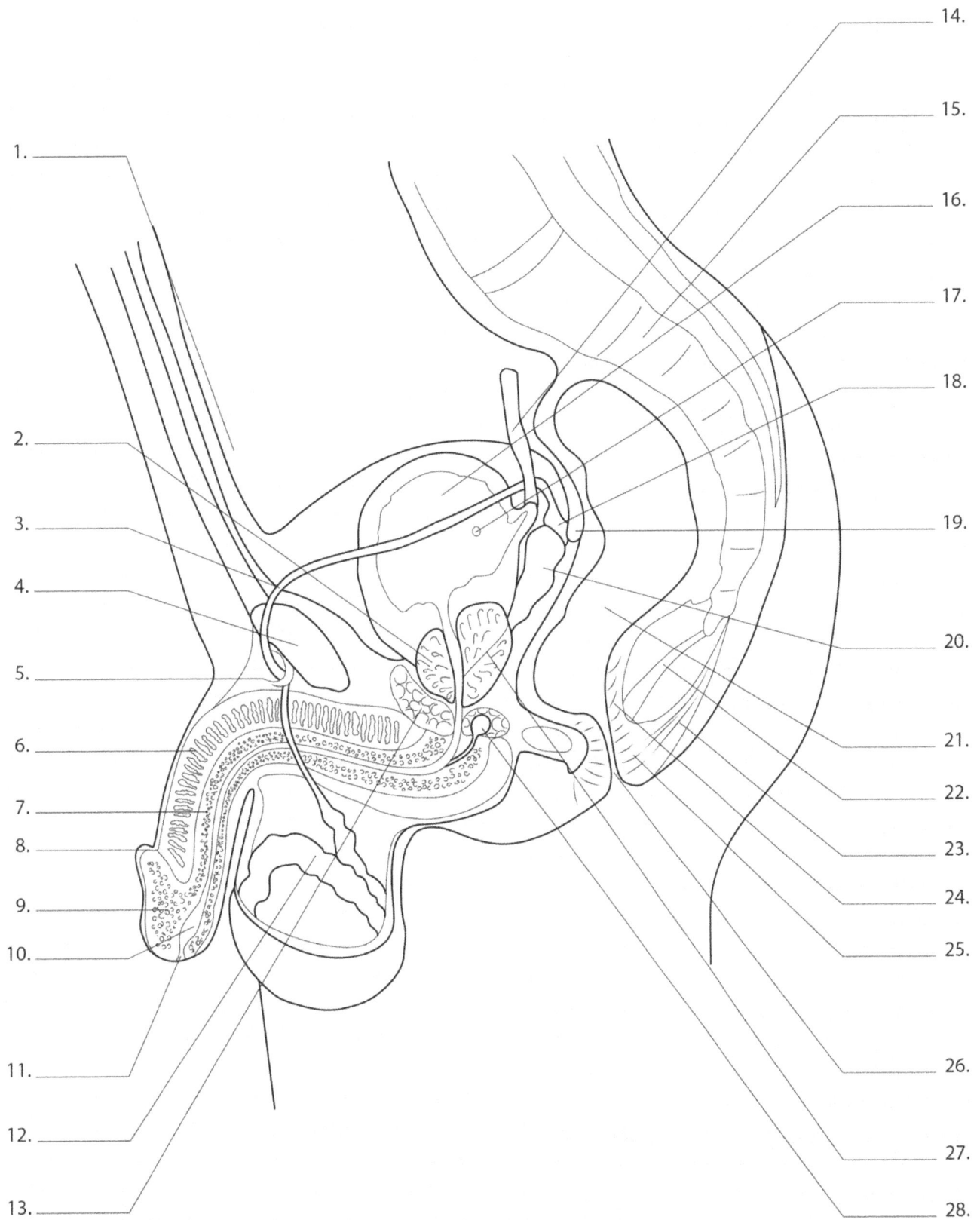

1.

2.

3.

4.

5.

6.

7.

8.

9.

10.

11.

12.

13.

14.

15.

16.

17.

18.

19.

20.

21.

22.

23.

24.

25.

26.

27.

28.

ÓRGANOS DE LA PELVIS MASCULINA

1. Peritoneo
2. Glándula prostática
3. Conductos deferentes
4. Sínfisis púbica
5. Ligamento suspensorio del pene
6. Cuerpo cavernoso
7. Cuerpo esponjoso
8. Corona del glande del pene
9. Glande de pene
10. Fosa navicular de uretra
11. Meato urinario externo
12. Epidídimo
13. Músculo esfínter de la uretra
14. Uréter
15. Sacro
16. Vejiga urinaria
17. Apertura de la uretra
18. Ampolla deferente
19. Bolsa recto-vesical
20. Vesícula seminal
21. Recto
22. Músculo elevador ani
23. Ligamento anococcígeo
24. Esfínter anal interno
25. Esfínter anal externo
26. Ano
27. Conducto eyaculador
28. Conducto y glándula bulbouretral

ESQUELETO (VISTA FRONTAL)

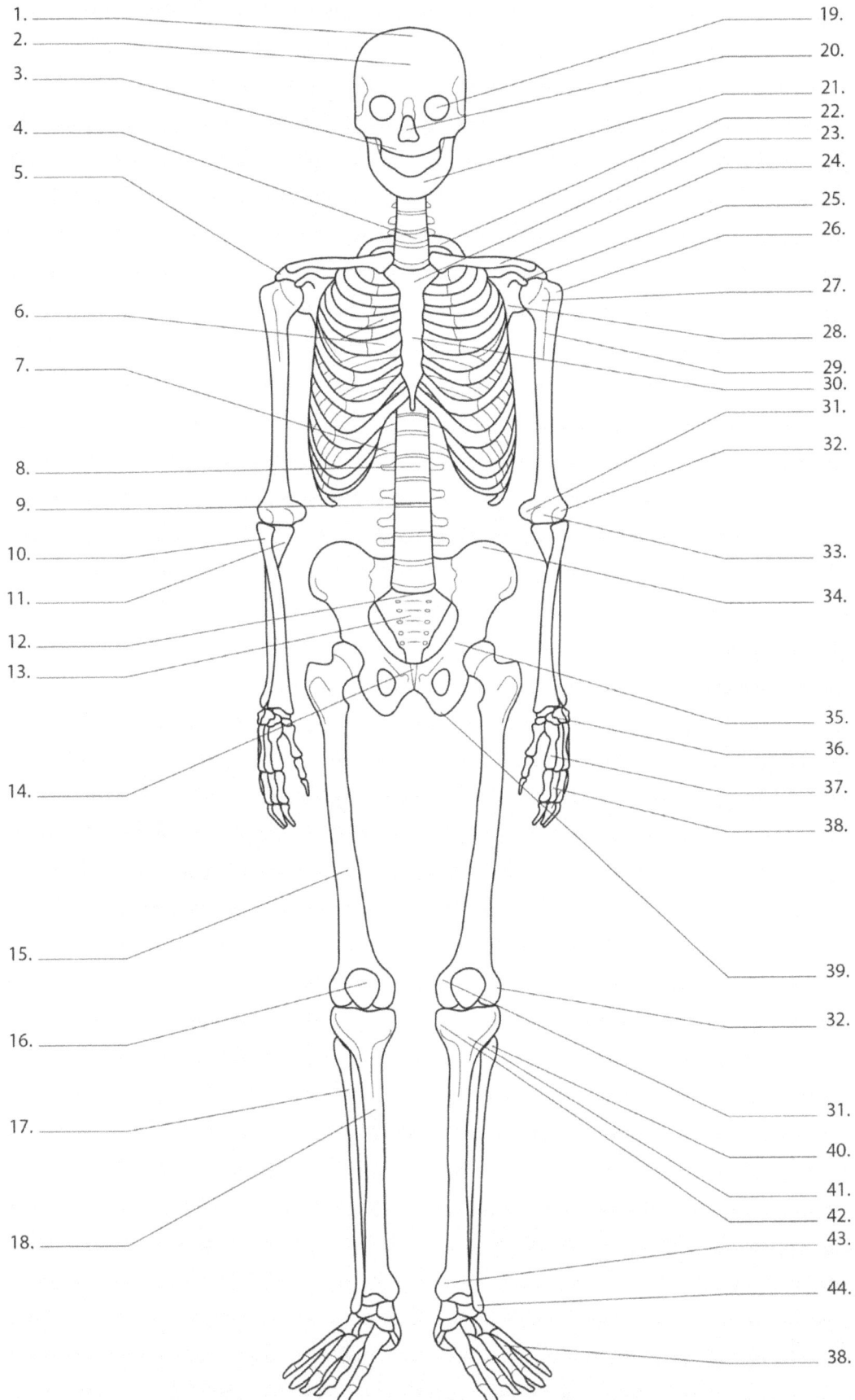

1. _____
2. _____
3. _____
4. _____
5. _____
6. _____
7. _____
8. _____
9. _____
10. _____
11. _____
12. _____
13. _____
14. _____
15. _____
16. _____
17. _____
18. _____

19. _____
20. _____
21. _____
22. _____
23. _____
24. _____
25. _____
26. _____
27. _____
28. _____
29. _____
30. _____
31. _____
32. _____
33. _____
34. _____
35. _____
36. _____
37. _____
38. _____
39. _____
32. _____
31. _____
40. _____
41. _____
42. _____
43. _____
44. _____
38. _____

ESQUELETO (VISTA FRONTAL)

1. Cráneo
2. Hueso frontal
3. Maxilar
4. Vértebra C7
5. Acromión
6. Cartílago costal
7. 12a costilla
8. Vértebra L1
9. Disco intervertebral
10. Radio
11. Cúbito
12. Vértebra S1
13. Sacro
14. Sínfisis púbica
15. Fémur
16. Rótula
17. Peroné
18. Tibia
19. Cavidad orbitaria
20. Cavidad nasal
21. Mandíbula
22. Primera costilla
23. Manúbrio
24. Clavícula
25. Apófisis coracoides
26. Tubérculo mayor del húmero
27. Tubérculo menor del húmero
28. Escápula
29. Húmero
30. Esternón
31. Epicóndilo medial
32. Epicóndilo lateral
33. Capitulum
34. Ilíaco
35. Pubis
36. Carpiano
37. Metacarpiano
38. Falanges
39. Isquion
40. Cabeza del peroné
41. Tuberosidad tibial
42. Cóndilo Tibia medio
43. Maléolo medial
44. Maléolo lateral

ESQUELETO (VISTA POSTERIOR)

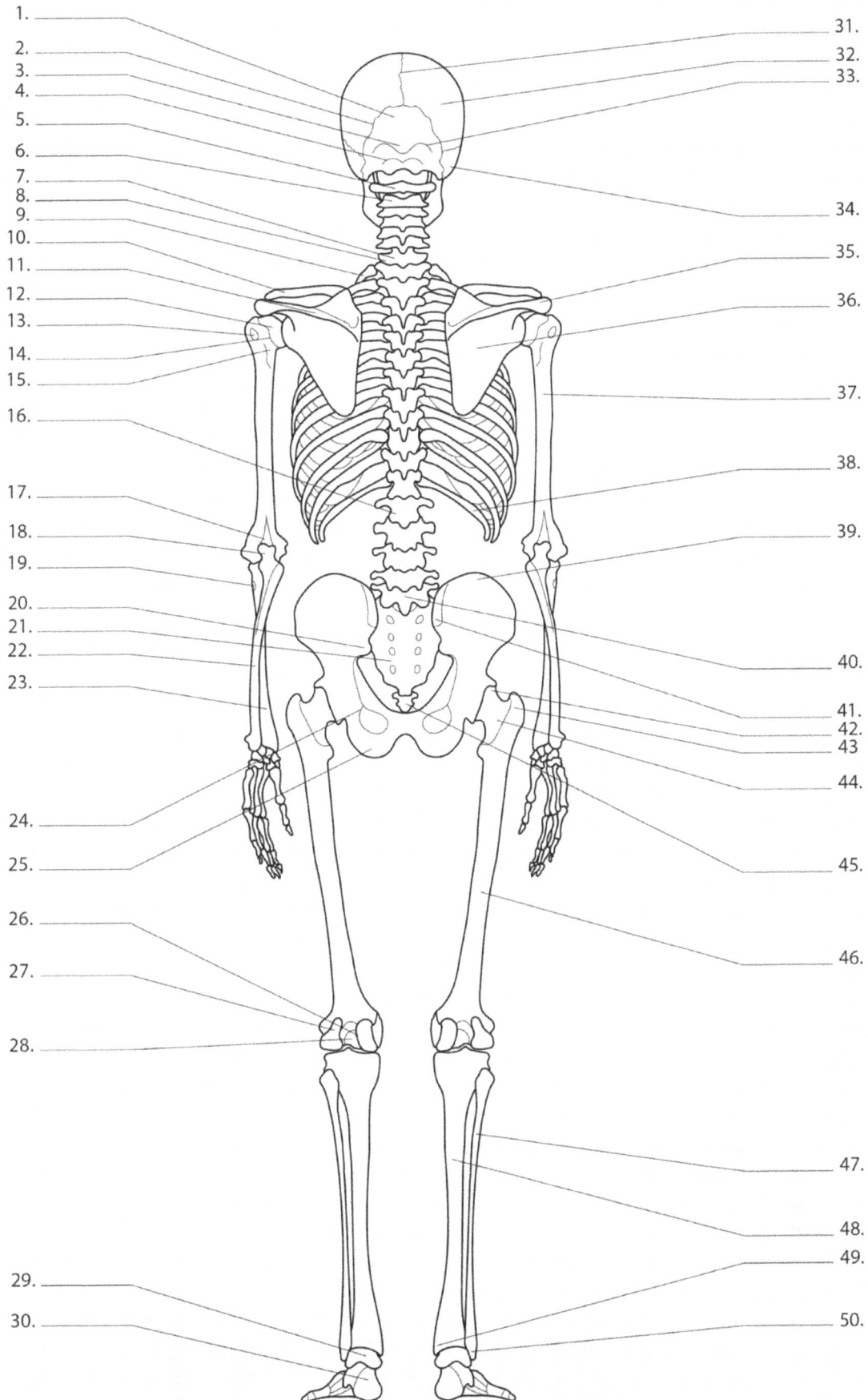

1. _____
2. _____
3. _____
4. _____
5. _____
6. _____
7. _____
8. _____
9. _____
10. _____
11. _____
12. _____
13. _____
14. _____
15. _____
16. _____
17. _____
18. _____
19. _____
20. _____
21. _____
22. _____
23. _____
24. _____
25. _____
26. _____
27. _____
28. _____
29. _____
30. _____

31. _____
32. _____
33. _____
34. _____
35. _____
36. _____
37. _____
38. _____
39. _____
40. _____
41. _____
42. _____
43. _____
44. _____
45. _____
46. _____
47. _____
48. _____
49. _____
50. _____

ESQUELETO (VISTA POSTERIOR)

1. Occipital
2. Sutura lambdoidea
3. Protuberancia occipital externa
4. Línea nucal inferior
5. Atlas (C1)
6. Eje (C2)
7. Vértebra C7
8. Vértebra T1
9. Primera costilla
10. Clavícula
11. Espina de la escápula
12. Cabeza del húmero
13. Tubérculo mayor del húmero
14. Cuello anatómico
15. Cuello quirúrgico
16. Vértebra L1
17. Fosa olecraniana
18. Olécranon
19. Tuberosidade radial
20. Espina ilíaca posterior superior
21. Sacro
22. Cúbito
23. Radio
24. Espina ciática
25. Tuberosidad isquiática
26. Cóndilo femoral medio
27. Cóndilo femoral lateral
28. Fosa intercondilar
29. Astrágalo
30. Calcáneo
31. Sutura sagital
32. Hueso parietal
33. Línea nucal superior
34. Hueso temporal
35. Acromión
36. Escápula
37. Húmero
38. 12a costilla
39. Ilíaco
40. Vértebra L5
41. Espina ilíaca posterior superior
42. Cabeza del fémur
43. Trocánter mayor
44. Cuello del fémur
45. Coxis
46. Fémur
47. Peroné
48. Tibia
49. Maléolo medial
50. Maléolo lateral

www.ingramcontent.com/pod-product-compliance
Lightning Source LLC
Chambersburg PA
CBHW051348200326
41521CB00014B/2516